Crianza de llamas

La guía definitiva para la conservación y cuidado de las llamas, incluyendo consejos sobre cómo criar alpacas

Índice

CAPÍTULO EXTRA - TERMINOLOGÍA DE LA LLAMA 116

CONCLUSIÓN...121

VEA MÁS LIBROS ESCRITOS POR DION ROSSER...................................123

Introducción

¿Se enteró sobre las ventajas de criar llamas de un amigo, de Internet o de algún otro lugar? ¿Está considerando comenzar una granja? ¿Y quiere disfrutar de todos los beneficios de tener llamas —o sus primos cercanos, las alpacas?

¡Genial! Sin embargo, puede que no sepa cómo hacerlo y probablemente tenga varias preguntas que quiera responder.

¿Cuáles son las diferencias entre las alpacas y las llamas? ¿Puede criarlas juntas? ¿Qué debería tener en el lugar para iniciar una granja? ¿Cómo se compra una llama? ¿Qué debe saber para criarlas correctamente?

Este libro responde a esas preguntas y más.

O su caso podría ser un poco diferente. Puede que haya criado una o dos llamas por su cuenta y luego se quedó atascado. Bueno, no se preocupe. Nunca es demasiado tarde para mejorar.

Este libro le ayudará a aprender cómo criar llamas, incluyendo todos los detalles sobre su cuidado, comportamiento, razas y mucho más.

Proporcionamos toda la información práctica del día a día que necesita saber sobre las llamas y las alpacas. Nuestro objetivo es asegurarnos de que tenga todo lo necesario en su objetivo de criar llamas saludables para cualquier propósito, ya sea por diversión o por una aventura de negocios.

Puede que haya leído otros libros que prometían darle toda la información que necesitaba saber, pero que no cumplieron su objetivo. Así que, se está preguntando, ¿qué es lo que hace a este libro diferente? No se preocupe. Se lo diremos.

Este libro es fácil de leer, sin términos científicos o hechos difíciles de entender. También recibirá la última información sobre las prácticas correctas, y como somos expertos, todas las instrucciones y métodos de este libro se pueden utilizar, se han utilizado y siguen utilizándose.

Así que, ¿a qué está esperando?

¡Es hora de obtener todo ese conocimiento sobre las llamas y alpacas que ha estado anhelando!

Capítulo 1: ¿Por qué criar llamas?

Dato corto - Las llamas fueron domesticadas y usadas como animales de carga en la sierra peruana desde hace 4000 a 5000 años.

Puede que se haya encontrado con una llama en algún momento, tal vez en su vecindario o en el zoológico local. Su lindo aspecto y su cuerpo peludo pueden haberle atraído para mirarla más de cerca.

¡Pero de repente, empiezan a perseguirle y a escupirle! ¿Qué recuerdo le dejaría esta experiencia? ¡Es probable que no quiera volver a acercarse a ellas!

Bueno, lo crea o no, las llamas son animales amigables y suaves que son grandes mascotas. El maltrato previo por parte de extraños e intrusos puede causar sus reacciones a veces extrañas, pero cuando tenga una, descubrirá que son animales encantadores.

Las llamas y sus primos cercanos, las alpacas, son uno de los animales domésticos más antiguos conocidos por el hombre. Ambos pertenecen a la familia de los camellos y son populares como animales de carga. Aunque son similares, se pueden diferenciar por su tamaño y su pelaje.

Las llamas son parte de la familia de los camélidos, una familia que apareció por primera vez hace unos 40 millones de años en las llanuras centrales de América del Norte. Hace solo unos 3 millones de años que los ancestros de las llamas migraron a Sudamérica. Hace unos 10.000 a 12.000 años, la última Edad de Hielo causó la extinción de los camélidos en América del Norte. Ahora, en Canadá y los Estados Unidos, hay alrededor de 100.000 alpacas y 160.000 llamas. Y, como dato curioso, puede interesarle saber que el símbolo nacional del Perú es la llama, y se puede encontrar en las banderas, sellos, monedas y otros productos turísticos del Perú.

Para los propietarios de granjas y ranchos, las llamas y las alpacas son una excelente opción para un sistema agrícola mixto. Son animales rumiantes con tres compartimentos estomacales y, al igual que el ganado vacuno y ovino, también mastican su bolo alimenticio. Para la gente con un pequeño trozo de tierra, se puede cuidar una o dos llamas, y aunque son grandes, son relativamente fáciles de cuidar.

Si usted es un granjero que busca añadir un nuevo animal a su rebaño de ganado, entonces las llamas serán una gran opción. Para la gente que necesita una nueva mascota en casa, las llamas son populares por su naturaleza amistosa. Ahora, hablemos de los beneficios de criar llamas.

8 razones principales por las que debería criar una llama

1. Protección

Es común que el ganado como cabras, ovejas, caballos y vacas sea cazado por depredadores. Este problema se ha convertido en una amenaza común para los pastores que buscan diversos medios para mantener alejados a los depredadores. Una manada de coyotes es suficiente para acabar con el ganado grande como de vacas y caballos, pero se puede reducir el riesgo de ataques de depredadores introduciendo llamas en su ganado.

Las investigaciones de la Universidad Estatal de Iowa muestran que, en promedio, los granjeros pierden el 11% de su rebaño a causa de depredadores, pero esto se reduce al 1% cuando se introducen llamas en el ganado. La mayoría de los agricultores introducen llamas en su ganado para proteger a otros animales, utilizando principalmente machos castrados para este fin.

Han demostrado ser un excelente sustituto de los perros, que requieren menos cuidados. Una llama es suficiente para proteger a cientos de otros animales. Incorporar una llama a su ganado es relativamente fácil debido a su rápida adaptación. Aunque algunas pueden adaptarse en horas, otras pueden necesitar 1 o 2 semanas para adaptarse completamente a otros animales.

Después de adaptarse a otros animales, perseguirán a los depredadores lejos de la granja. Las llamas tienen buenos instintos con plena conciencia de su entorno y suelen llamar la atención de un extraño (depredador) haciendo sonar una llamada de alarma. Después del sonido empiezan a perseguir, patear o escupir al animal intruso.

2. Son grandes animales de carga

¿Qué tal si disfrutamos de una aventura al aire libre con una llama llevando toda la carga? Suena genial, ¿verdad?

Las llamas han sido criadas y usadas como animales de carga durante miles de años. Puede que no sean tan populares para este propósito como los caballos y los bueyes, pero hacen el trabajo. Su historia se remonta a América del Sur, donde el animal solía llevar cargas a través de la cordillera de los Andes.

Las llamas son adecuadas como animales de carga debido a su firme pisada y su capacidad para llevar un tercio de su peso. Es necesario entrenar a la llama para la carga antes de usarla para ese propósito. Las alpacas no son adecuadas para llevar cargas debido a su peso relativamente menor.

Hoy en día, las llamas son ampliamente utilizadas por los campistas y aventureros para complementar sus actividades al aire libre. Los cazadores y pescadores también han visto la utilidad de las llamas en sus actividades diarias. Normalmente buscan su comida y agua mientras caminan, aunque en ambientes hostiles, puede que sea necesario llevar comida para ellas.

3. Una fuente de fibra

Las llamas y las alpacas son una excelente fuente de fibra para las lanas y los tejidos. Aunque los granjeros crían alpacas específicamente para la fibra debido a su suave pelo, el pelo de llama también tiene sus usos. Sin embargo, el esquilado solo se puede hacer una vez al año.

El pelo de llama comprende una fibra de lana fina entrelazada con pelos gruesos de guarda, pero, ¡separar las fibras gruesas de la lana fina puede ser toda una tarea! Una vez que se logra, el trabajo con la lana se hace más fácil. Es por eso que las lanas de llama son caras, generalmente se venden a 2 dólares la onza.

El pelo grueso de las llamas se utiliza generalmente para hacer alfombras y cuerdas. El pelo de alpaca es suave, fuerte y ligero, no contiene lanolina, lo que hace que sea fácil de procesar y limpiar sin usar productos químicos. Producen más fibra que las llamas a pesar de la doble capa de pelo de las llamas.

Las fibras producidas por estos animales son consideradas como fibras de lujo y pueden ser una magnífica fuente de ingresos, dada su creciente popularidad dentro de la industria de la fibra. Además de los fantásticos beneficios que se pueden obtener, también es una buena inversión financiera.

4. Fácil de cuidar

Alimentar a las llamas es relativamente fácil en comparación con otros animales de pastoreo. Se podría pensar que por ser animales grandes requieren grandes cantidades de comida, pero no es así. Generalmente pastan felices y no necesitan alimentarse mucho en forma de comida adicional. Sin embargo, en los meses más fríos, necesitarán complementar su dieta con pasto y heno.

Si se les da el cuidado y la atención adecuados, las llamas son generalmente una raza saludable. Sin embargo, como la mayoría de los animales grandes de granjas, requieren controles rutinarios para mantenerlas en forma.

El aseo adecuado incluye la limpieza de sus patas para evitar cojeras, y deben recibir las vacunas adecuadas para evitar enfermedades. Con la ayuda de su médico veterinario, mantener a sus llamas y alpacas en buena salud no debería ser difícil.

5. Adecuadas para animales de espectáculo

Las llamas son grandiosos animales de espectáculo por su inteligencia y capacidad de aprender rápidamente. La Asociación de Espectáculos de Alpacas y Llamas ha organizado más de 150 espectáculos de llamas, un momento memorable en el que cientos de propietarios se reúnen para competir.

La competencia premia a las personas por el entrenamiento y la cría de los animales.

Pueden ser fácilmente entrenados para correr obstáculos, como perros o caballos. El show involucra a las llamas recorriendo circuitos y corriendo sobre obstáculos como árboles caídos y ríos. Sobresalen como animales de espectáculo por su mentalidad de ganado.

No son tímidos ni se asustan en medio de grandes grupos, especialmente en la competencia.

6. Las áreas pequeñas no son una barrera

Al igual que otros animales, las llamas y las alpacas requieren de un cercado adecuado, que les sirva de protección. Sin embargo, no es necesario poseer una gran parcela de tierra antes de poder establecer donde vivirán; se puede utilizar un pequeño espacio en el patio trasero para mantener una o dos.

Cualquier forma de refugio (natural o artificial) será suficiente. Un refugio bien ventilado ayudará a mantenerlos a la sombra y frescos durante las temporadas de calor. Un refugio adecuado también ayudará a mantenerlas calientes durante la temporada de frío, y el refugio no le costará mucho comparado con el valor que le proporciona a sus llamas.

7. Son grandiosas mascotas

Las llamas son animales que se comportan bien, y son grandiosas mascotas. Generalmente se usan como mascotas por su disposición amistosa y su limpieza, lo que las convierte en una compañía ideal para sus hijos, siempre que se les cuide adecuadamente.

Algunas personas son escépticas acerca de mantenerlas como mascotas porque escupen, pero típicamente, una llama solo escupirá cuando tiene una disputa sobre la comida o cuando se siente amenazada. ¿Sabía que puedes entrenar a una llama para que no escupa?

Otra razón para tenerlas como mascotas es su estilo de vida saludable, que solo requiere un mantenimiento suave.

8. Son una excelente inversión

Comenzar una granja de llamas y alpacas es una inversión maravillosa. Con esta adición a su granja, disfrutará de una deducción de impuestos del gobierno federal; un beneficio fiscal único para la gente que entrena estos animales.

¡Una llama adulta puede venderse por alrededor de 10.000 dólares! Sin embargo, tendrá que tener paciencia porque normalmente dan a luz solo una vez al año. Pero, considerando el mínimo cuidado y alimentación que necesita para invertir en ellas, podría ganar significativamente con su venta.

Puede ganar dinero con la fibra producida por los animales cada año. Su pelaje es una excelente fuente de lana, y crecen en diferentes colores. Una onza de lana de llama se vende por alrededor de 2 dólares.

Conclusión

Las llamas son excelentes animales para criar por sus maravillosas personalidades. Por su compañía, belleza e inteligencia, disfrutará de cada parte de su experiencia con ellas. Conociendo y entendiendo sus características sobresalientes, no deberías tener dudas de criar una, ¡o incluso más!

Capítulo 2: Razas de llama y alpacas

Dato corto - *La forma más fácil de distinguir entre una alpaca y una llama es el tamaño: las llamas son típicamente dos veces más grandes que las alpacas. Otra forma de saber es por sus orejas: las orejas de una alpaca son cortas y puntiagudas mientras que las de una llama son más largas y se mantienen erguidas.*

Las llamas y las alpacas son a menudo dos criaturas que se confunden entre sí. Diferenciar estas dos criaturas es más parecido a distinguir una tortuga de un galápago.

Estos dos excitantes animales pertenecen a un grupo llamado camélidos; un nombre amplio dado a los animales que se parecen a los camellos.

Los animales de esta familia suelen tener el cuello largo. Aunque se alimentan de plantas, no son rumiantes.

Con solo mirar a estos animales, se puede decir que son diferentes. Cualquiera puede ver que sus largas y delgadas patas y cuello difieren de los de las cabras, ovejas o vacas.

Sus estómagos están divididos en tres partes, mientras que el estómago de un rumiante debe tener cuatro partes.

Sin embargo, al igual que los rumiantes, también poseen dos dedos en las patas. Sus dedos son únicos, ya que no tienen pezuñas como los rumiantes. En lugar de pezuñas, las suaves almohadillas de sus patas les dan un mejor agarre al suelo.

Los animales de esta familia son un poco diferentes de otros animales, ya que son los únicos mamíferos conocidos que tienen glóbulos rojos de forma ovalada. Todos los demás mamíferos tienen glóbulos rojos con forma de disco.

Antes de considerar las variaciones entre estas dos hermosas criaturas, tenemos que tener algo claro. Hay dos conceptos comúnmente mal utilizados y entenderlos ayudará a apreciar mejor las variaciones entre estos dos animales: los términos son *razas* y *especies*.

Especie es un término amplio que se refiere a un grupo de animales que se parecen y pueden aparearse para producir descendencia.

Usemos los perros como ejemplo. Usted sabe que todos los perros pueden aparearse y producir cachorros; también sabe que hay diferentes tipos de perros. Incluso con los diferentes tipos, cuando usted ve un perro, puede decir que es un perro, no otro animal. Teniendo en cuenta esta imagen, el nombre general "perro" se refiere a la especie.

Pero las *razas* son los diferentes tipos de animales *de la especie*. Su aspecto suele ser diferente. Usando la analogía del perro de antes, una *raza* sería un Pomerania.

El Pomerania y el Husky son diferentes en apariencia. Mirándolos, se sabe que son perros; ambos ladran y hacen lo que la mayoría de los perros hacen. Ambos son de la misma especie (perros). Sin embargo, son razas diferentes (Pomerano y Husky).

Ahora que ya se ha comprendido, vamos a investigar las diferencias entre las llamas y las alpacas.

Diferencias entre las llamas y las alpacas

La naturaleza casi siempre tiene dos animales relacionados que son difíciles de distinguir. Animales como sapos y ranas, caimanes y cocodrilos, la lista continúa. Una de estas maravillas de la naturaleza es la llama y la alpaca.

Los dos animales se parecen tanto que es difícil distinguirlos, a menos que usted sea un experto (¡o haya leído este libro cuidadosamente!).

Si ve a estos dos animales juntos, estos puntos le ayudarán a decir cuál es cuál.

1. Cara

Empezando por la parte más aparente del cuerpo, las llamas suelen tener caras largas en comparación con las alpacas. Las alpacas suelen tener caras cortas con más pelaje que las llamas. Algunas personas piensan que las alpacas son más lindas que las llamas.

2. Las Orejas

Las orejas de los animales son probablemente la siguiente diferencia notable. Las orejas de las llamas suelen ser largas, curvadas y con forma de plátano, mientras que en las alpacas, las orejas son cortas, rectas y típicamente puntiagudas.

3. Tamaño

Esta característica es una clara distinción entre los dos animales. Las alpacas son más pequeñas que las llamas y el peso promedio de una alpaca adulta es de entre 45 y 70 kg.

Las llamas adultas suelen crecer hasta al menos el doble de ese peso. El peso promedio de una llama adulta es de entre 90 y 160 kg.

Además, las llamas suelen ser más altas que las alpacas. La altura se mide típicamente desde el hombro hasta el suelo y, mientras que las alpacas rara vez exceden los 90 cm (35 pulgadas) de altura, las llamas pueden crecer hasta 110 cm (45 pulgadas) o incluso más.

4. Fibra animal

También se puede diferenciar entre los animales tocándolos. Las alpacas tienen pelo suave y fino, mientras que las llamas tienen un pelaje áspero.

La fibra recogida de las alpacas se utiliza para hacer sombreros, chales y calcetines. La gente no usa la lana de llama para hacer ropa a menos que sea de llamas bebés.

5. Temperamento

El temperamento se refiere a los estados de ánimo o al comportamiento general de un animal. Mientras que las alpacas suelen ser criaturas muy gentiles, las llamas no lo son.

Probablemente usted ha oído que estos animales escupen, pero esto es normalmente solo cuando se sienten amenazados. Aunque solo ocurre en raras ocasiones, es más común en las llamas que en las alpacas.

Las alpacas se mueven juntas como un rebaño, como las ovejas, mientras que las llamas son guardabosques solitarios, que prefieren su propia compañía. Por esta razón y por su tamaño, las llamas se utilizan para vigilar a otros animales.

Curiosamente, se usan para vigilar a las alpacas porque son animales nerviosos. Ante el peligro, una llama guardiana se usará valientemente como una distracción.

6. Resistencia

Debido a su mayor tamaño, las llamas tienen más resistencia que las alpacas, y también tienen patas firmes que les dan un agarre extra. Por lo tanto, son más adecuadas para caminar distancias más largas que las alpacas y se utilizan típicamente en regiones desérticas y montañosas.

Las llamas también pueden cargar hasta un tercio de su peso corporal, mientras que las alpacas no son adecuadas para llevar bultos o personas.

Encontrará otras diferencias en la forma en que se utilizan los dos animales. La gente suele criar llamas por su carne, ya que su piel no es de la mejor calidad. También son excelentes cuando se usan como animales de carga o se crían como animales de guardia.

Las alpacas se crían principalmente por su pelaje, que es de calidad superior y crece más rápido que el pelaje de la llama.

A estas alturas, debería ser capaz de diferenciar entre las alpacas y las llamas. Ahora, veamos las diferentes razas de las dos especies de animales.

Razas de Llamas

Hay cuatro razas de llamas. Son la llama clásica, la llama lanuda, la llama sedosa y la llama Suri. Se cree que la llama clásica es un ancestro importante de los otros tres tipos. Se cree que las otras tres se originaron de un extenso cruce.

De las cuatro razas, la llama clásica es la más común y también la más grande. En cambio, la llama Suri es la más rara y tiene la reputación de ser la más pequeña entre las otras razas. Las razas se parecen y a veces diferenciarlas puede ser un desafío.

Todas las razas tienen colores similares, que pueden ser blanco, negro, marrón, rojo o beige; los colores pueden ser lisos, manchados o moteados. Por lo tanto, la identificación de ellas es a menudo por las características de su pelaje y por su tamaño.

Aquí hay una breve descripción de las razas.

Llama clásica

Esta es la raza más común, y el término clásico se refiere al patrón de su pelaje en forma de silla de montar. El pelo de su espalda es más largo que el del resto de su cuerpo.

Su vellón es áspero al tacto, aunque el subpelo, junto a la piel, es fino. Cuando lo peina, puede ver que los pelos finos son finos.

Las llamas no tienen tanta fibra en sus piernas, cuello y cabeza, pero algunas tienen pelo en el cuello, que se parece a la melena.

La raza es más grande en comparación con otras razas.

Las llamas clásicas son animales resistentes, y pueden desempeñarse bien en casi cualquier tipo de clima. Incluso en situaciones de frío, a diferencia de otras razas, las llamas clásicas prosperan, pero no les va bien en condiciones de calor y humedad.

Esta raza de llamas pierde su pelaje al cepillarse, por lo que no necesitan ser esquiladas. Sin embargo, en temperaturas extremadamente calientes, el esquilado ayuda a mantenerlas frescas.

Llama sedosa

Estas llamas son como la raza de llamas lanuda, pero hay algunas diferencias.

La raza es un cruce entre la llama clásica y la llama lanuda. También se les denomina llamas medianas. Estos animales típicamente tienen pelo largo alrededor de su cuerpo y cuello y pelo corto en sus cabezas, orejas y piernas.

Su pelo es brillante y tiene rizos que frecuentemente forman mechones. Su pelo en constante crecimiento tiene dos capas; la parte superior es el pelo de guardia, que es largo y áspero al tacto, mientras que la parte inferior es un suave vellón.

Su pelo brillante y rizado les da a las llamas sedosas una hermosa apariencia, pero sus rizos y mechones se ensucian rápidamente. Cuando están pastando en el campo, los rizos de su pelo pueden recoger fácilmente mucha suciedad, y se pone aún peor cuando se deja sin esquilmar.

Eso también puede suceder cuando se corta incorrectamente. Por ejemplo, la esquila de barriles, un método popular para esquilar llamas, también puede llevar a que el pelo se ensucie.

Para prevenir esto, deben ser esquiladas a menudo. La esquila frecuente mantendrá los rizos y mechones cortos y limpios.

Llama lanuda

Esta raza de llama suele ser más pequeña que otras razas, y su nombre proviene de su apariencia. Tienen una lana gruesa que cubre su cuerpo, particularmente alrededor de su cabeza, orejas y cuello.

Dependiendo del animal individual, la cantidad de fibra puede ser pequeña, mediana o gruesa. Su fibra es esponjosa, alta y gruesa, con rizos y algunos entrelazados. Mientras que su pelaje es como el de las llamas sedosas y Suri, la única diferencia es que el suyo es más suave y no tan brillante.

Las llamas lanudas tienen una sola capa de pelo y no tienen subpelo. Típicamente, tienen solo unos pocos pelos de guardia, que se refiere al pelo que se encuentra en el pelaje exterior de un animal. El pelo de guardia es áspero al tacto, y mantiene a la llama seca repeliendo el agua.

Debido a sus características únicas, sus abrigos pueden ser usados como reemplazo de la fibra de alpaca. El pelo de las llamas lanudas siempre está creciendo y, si decide criar esta raza, tendrá que esquilarlas a menudo. Su ubicación determinará la frecuencia y la razón para esquilarlas.

En ambientes más cálidos, debe esquilarlas al menos una vez al año. De esa manera, el animal no sufrirá por el calor. Si los cría en condiciones de frío, considere esquilarlas una vez cada dos años. El esquileo en ambientes más fríos ayudará a evitar que la fibra forme nudos.

Llama Suri

"*Suri*" como nombre se usó por primera vez para describir a las alpacas. Se convirtió en el nombre de esta raza popular cuando la gente cruzaba llamas y alpacas. La palabra en sí misma se traduce a los mechones que se encuentran en las fibras de alpaca.

Estos mechones son una característica peculiar de esta raza y suelen estar bien definidos, empezando por la piel y terminando en la punta de las hebras de pelo. Los mechones de la raza Suri pueden tener diferentes variaciones; los comunes parecen tirabuzones, mientras que algunos están retorcidos.

Cuando escucha el nombre, "Suri" el adjetivo "extremo" debe venir a la mente. El pelo de estos animales es excepcionalmente liso y brillante, corto, suave y es similar al de las llamas lanudas. La única diferencia es que el pelo de las llamas lanudas es un poco más fino que el de la llama Suri.

Un problema con esta raza, sin embargo, es que hay pocas de ellas con cerca de 100 en toda Europa y la cría es muy difícil porque hay muy pocas.

Razas de Alpacas

Ahora que ya ha aprendido sobre las diferentes razas de llamas, hablemos de las alpacas. A diferencia de las llamas, las alpacas solo tienen dos razas conocidas.

Estas son la raza *Huacaya* y la raza *Suri*, siendo la Haucayas la más popular de las dos razas. Hoy en día, hay alrededor de 3,7 millones de alpacas en el mundo. Se cree que casi el 90% de esta población es de la raza Huacaya.

La diferenciación de las razas puede ser difícil, incluso más que con las llamas. A diferencia de las llamas, ambas razas de alpacas son casi del mismo tamaño, y ambas tienen las mismas preferencias en términos de condiciones de vida.

Siga leyendo para descubrir las características únicas de estas dos razas.

Alpaca Suri

Como ya ha leído, el nombre "Suri" se utiliza principalmente para las alpacas. Según los arqueólogos, la raza es antigua, y las investigaciones muestran que podría haber existido por más de 5000 años. De los 3,7 millones de alpacas en el mundo, solo unas 370.000 son alpacas Suri.

La característica distintiva de esta raza es su pelaje. Es típicamente largo con mechones al final, es brillante y cuelga libremente. Su pelo es típicamente denso, es usualmente suave, y se siente grasoso al tacto.

El pelo cubre a los animales desde la cabeza hasta los pies. Curiosamente, el pelo está encerrado en todas las partes de su cuerpo, y además de la apariencia brillante, el pelo de la alpaca Suri hace que se vean planos a los lados.

La fibra recogida de la raza Suri tiene una gran demanda, la mayor demanda proviene de las tiendas de moda de lujo. Usan las fibras para producir abrigos de lujo, suéteres, ropa de diseño único y los materiales más selectos para la decoración de interiores. Los compradores a menudo buscan el brillo como la característica principal de este producto de calidad.

Alpaca Huacaya

Es posible que haya visto una alpaca que se parece a un oso de peluche, y es probable que hayas visto una raza de alpaca Huacaya. Su apariencia de oso de peluche proviene de su denso y ondulado pelo.

En términos de tamaño, no son más grandes que la raza Suri, pero su pelo esponjoso las hace parecer más grandes.

Sus colores son similares a los de la raza Suri, pero difieren ligeramente. El pelo de la raza Huacaya puede venir en diferentes tonos de gris, mientras que las razas Suri no producen esos colores.

Además del color del pelo, las alpacas Huacaya no tienen marcas. Su pelo es liso y de colores casi uniformes, a diferencia de sus homólogos Suri. Las alpacas Suri siempre tienen manchas únicas en su pelo llamadas marcas *Appaloosa,* en diferentes colores, tamaños y formas. Por ejemplo, se puede encontrar una alpaca Suri blanca con algunas marcas oscuras. Esas son llamadas marcas Appaloosa, y generalmente están ausentes en las razas de Huacaya.

El colorido pelaje de la raza Huacaya también es de gran demanda, como en la raza Suri. El pelo se usa normalmente para la ropa que se lleva cerca del cuerpo, y su vellón es más suave que el de las ovejas.

Aunque las alpacas de Huacaya se crían principalmente por sus fibras, su piel también tiene una gran demanda, y se utiliza en la producción de muchos productos de cuero de alta calidad.

La carne de las alpacas de Huacaya también se ha hecho popular recientemente. La carne es tierna, tiene un sabor suave, y nutricionalmente, es una de las carnes más saludables del mundo. Es alta en proteínas y baja en colesterol, grasas saturadas y calorías.

La carne se sirve en costosos restaurantes peruanos de todo el mundo.

Otras especies estrechamente relacionadas

De la misma manera que usted tiene familia extendida, las alpacas y las llamas tienen parientes. Podría llamarlos primos.

Sea cual sea el nombre que elija, recuerde que estas especies son salvajes. Se consideran salvajes porque no se quedan cerca de los humanos, prefiriendo vivir lejos en el monte.

Debido a su naturaleza salvaje, poco se sabe de estas dos especies, conocidas como las especies guanaco y vicuña. El tamaño del guanaco se encuentra entre la llama y la alpaca, y se cree que las llamas se originaron de ellas.

De manera similar, se cree que las alpacas se originaron de las vicuñas. La vicuña es liviana comparada con el guanaco, más delicada, y su piel tiene un precio más alto. Eso explica por qué son una especie en peligro de extinción en muchos países.

Con los avanzados métodos actuales de cría, algunas de estas especies se han cruzado, lo que ha dado como resultado una descendencia a la que se le han dado varios nombres, a menudo una combinación de los nombres de las razas parentales.

Ahora, armados con todo el conocimiento histórico y científico sobre estas razas, pasemos a aprender cómo criar una llama o una alpaca. En el siguiente capítulo, aprenderá sobre las instalaciones y el alojamiento que necesita antes de obtener uno de estos animales.

Capítulo 3: Instalaciones, tierra y requisitos de alojamiento para la cría de llamas y alpacas

Dato corto - *La llama promedio pesa de 280 a 450 libras. Pueden cargar entre el 25% y el 30% de su propio peso corporal, por lo que una llama macho, por ejemplo, con un peso de 400 libras, puede cargar entre 100 y 120 libras en una caminata de 10 a 12 millas sin sudar.*

Es fácil dejarse llevar por la emoción de comenzar una granja de llamas o alpacas. Sin embargo, asegúrese de considerar lo que más importa: *dónde ponerlas.*

Observen que el hábitat original de este miembro de la familia de los camellos está en la región árida y de gran altitud de Sudamérica. Sin embargo, si sabe cómo hacerlo, puede dirigir una exitosa granja de llamas o alpacas en cualquier área. Este libro le mostrará cómo.

Afortunadamente, preparar un hogar para las llamas o las alpacas no es una tarea tan difícil como parece. Si ya tiene un granero en su propiedad, puede empezar desde allí. Sin embargo, debe considerar la estructura del granero y determinar si funcionará para los animales. Si no, necesitará construir una nueva instalación para albergarlos.

Cuando planifique una nueva estructura para alojar a sus nuevas mascotas, su prioridad debe ser siempre la seguridad, salud y comodidad del animal. Como sus cuidadores, la conveniencia entra en juego. Considerar estos temas al planear y construir la estructura resultará en una próspera experiencia granjera.

Requisitos de alojamiento en interiores para las llamas

Las llamas y las alpacas, por naturaleza, pueden hacer frente a la mayoría de los tipos de clima. Sin embargo, por su salud y comodidad, requieren refugio contra el viento, el sol y la lluvia. Debido a que les encanta y necesitan sombra, los grandes árboles en su propiedad ayudarán a proteger a sus animales. Sin embargo, si tiene poca cobertura de árboles, un cobertizo hecho por uno mismo de tres lados será suficiente, sirviendo como un escudo contra el viento y el sol y proporcionando un buen lugar para entrenar y manejar sus llamas o alpacas.

Cuando considere el tipo de refugio que necesita, recuerde que la libertad es un tesoro para las llamas y las alpacas; ellas prosperan con la libertad de ir y venir. Por lo tanto, provea un refugio que dé la sensación de apertura, usando grandes ventanas y puertas en lugar de cobertizos oscuros, lo que les hace sentirse encerradas.

Durante el verano, las llamas o alpacas pueden sufrir una insolación cuando la temperatura y la humedad se elevan mucho. Para esa temporada, tenga rociadores o nebulizadores para mantener su temperatura corporal y ayudarles a hacer frente a la condición climática.

Cuando es la temporada de lluvias, y el suelo se vuelve húmedo y lleno de barro por un período prolongado, las llamas necesitan un lugar en su refugio donde puedan secarse las patas todos los días. Además, este lugar serviría como almacén de heno y agua para la alimentación continua. La podredumbre en las patas, aunque no es común en llamas y alpacas, es causada por el agua estancada, y es de lenta curación.

Finalmente, en cualquier condición climática, es mejor tener al menos un lugar donde se pueda confinar a los recién nacidos y a sus madres. Lo mismo se aplica a un miembro enfermo del ganado para sus tratamientos. Durante la estación fría o húmeda, las lámparas de pared pueden ayudar a mantener calientes a los recién nacidos.

Vigile de cerca a las crías de llamas durante al menos las dos primeras semanas después del nacimiento, especialmente cuando nacen en condiciones climáticas extremas. Durante este período, aprenden acerca de su entorno y buscan confort.

Requisitos de vida al aire libre para las llamas

Las llamas o alpacas necesitan suficiente espacio para estirarse y correr. Sin embargo, la cantidad de espacio exterior necesaria para mantener las llamas no es definitiva. Mientras que algunos agricultores creen que se puede mantener con éxito un ganado al menos media hectárea es necesaria para darles la libertad que requieren.

Sin embargo, el equilibrio de ambas escuelas de pensamiento se basa en el número de llamas y el tipo de cultivo que se practica.

Puede mantenerlas en el interior durante los días de aseo, y estarán bien. También puede proporcionarles espacio exterior para que se estiren y corran. Sin embargo, independientemente del tipo de granja que mantenga, necesita una o más puertas grandes para permitir el libre movimiento de los humanos y el equipo en las instalaciones de la granja.

Mover llamas o alpacas enfermas puede ser un desafío. Por lo tanto, una gran puerta que permita el movimiento de vehículos —como tractores y un remolque de transporte— dentro y fuera es una necesidad.

Para ofrecerles suficiente espacio exterior como patio de recreo, considere un espacio con buen drenado. A las llamas y las alpacas no les gustan las zonas húmedas y no se pararán ni se acostarán en una superficie fangosa y húmeda. Si es posible, levante el revestimiento exterior y el suelo interior con arena, granito descompuesto o roca triturada.

Requisito de espacio interior y exterior

El espacio del granero no tiene por qué ser grande. Sin embargo, puede planear la construcción de un granero grande cuando empiece. Eso es porque es rentable tener un gran establo y permite que su ganado crezca en número fácilmente.

Si construye un granero pequeño desde el principio, cuando su ganado se expanda, habrá una necesidad insatisfecha de mayor espacio, que costará más de lo que había presupuestado. Es mejor considerar la construcción de un granero más grande de lo necesario desde el principio.

Independientemente del tamaño del granero que construya, debe tener suficiente espacio para alimentarlos. Además, incluya un espacio para los corrales de captura en el diseño del granero. Esos espacios están reservados para tareas importantes como el aseo de los animales y la administración de vacunas. También pueden ser útiles cuando se necesita separar y monitorear a las llamas o alpacas enfermas y un lugar para que el veterinario lo use durante las visitas.

Si tiene o puede ahorrar algo de espacio extra, puede crear un compartimento para almacenar heno y suministros. Este método protege el heno del clima y de otros animales, y permite que se mantenga seco.

Sin embargo, tenga cuidado de guardar el heno cerca del granero del animal; durante un incendio, el exceso de heno se convierte en un propulsor y acelerante, y puede promover el fuego. Fumar y otras actividades relacionadas con el fuego deben realizarse a una distancia segura de los almacenes de heno.

El tiempo que se dedica a la planificación del refugio de llamas es un tiempo bien empleado; un paso crítico para el mantenimiento y el crecimiento de los felices y saludables ganados de llamas o alpacas.

Disposición del granero y del cobertizo

Como ya se ha dicho, las llamas o alpacas se mantienen mejor en un granero o refugio de tres lados. Aquí hay algunos consejos que le ayudarán a construir esto:

- Su cobertizo debe mirar hacia el este

El lado abierto del cobertizo debe mirar hacia el este, ya que esta dirección es la más moderada en términos de clima.

- Incluya más de una puerta al exterior

Cuando tenga más de unas pocas llamas o alpacas, especialmente cuando tenga más hembras, asegúrese de tener más de una puerta al exterior porque a la "reina del ganado" le gusta estar en la puerta. Si solo hay una puerta, puede evitar que otras llamas accedan al exterior. Evite cerrar las puertas del establo completamente, ya que necesitan una ruta de escape en caso de incendio.

- Considere la posibilidad de una ventilación cruzada adecuada

Añada suficientes ventanas y aberturas para una adecuada ventilación cruzada. Además, un granero con muchas puertas y aberturas permanecerá más limpio.

- Cubra las puertas del granero con plástico colgante

En los meses de invierno, puede cubrir las puertas del granero con plástico colgante, como se ve en los muelles de carga. Los protegerá de la lluvia, la nieve y el viento mientras les permite entrar y salir sin obstrucciones.

- Instale respiraderos de aire en la cima del techo

El aire caliente se eleva hacia el techo, así que planee un diseño de techo alto para que el aire caliente pueda elevarse por encima de los animales. También, instale rejillas de ventilación en la cima del techo para la libre salida del aire caliente.

- Instale ventiladores para la temporada de verano

Los ventiladores instalados en el techo de los graneros ayudan a mover el aire caliente fuera del granero y aumentan la circulación de aire. Por lo tanto, fije los ventiladores al techo del granero en puntos estratégicos para que soplen directamente a los animales.

- Instale calentadores automáticos y dispensadores de agua

Puede incluir un dispensador de agua automático en el plano del establo e instalar un calentador de agua para evitar su congelación durante las estaciones de invierno. Podría ser una instalación futura, pero proporcione espacio para ello cuando diseñe el granero.

- Use un piso de hormigón

Puede usar arena, cal agrícola o concreto para el piso del granero. Sin embargo, para facilitar la limpieza, es mejor usar un suelo de hormigón, ya que se puede limpiar fácilmente con una manguera con regularidad.

Para acolchonar, cubra el área de baño con una alfombra de goma. También evita que la lana roce las rodillas del animal.

El suelo de hormigón debe tener un acabado rugoso para ayudar a mantener las uñas del animal recortadas. Además, una superficie lisa puede volverse resbaladiza cuando está sucia o mojada.

- Considere la cal agrícola como una buena alternativa para el suelo

La cal agrícola, también llamada cal-B, es otro tipo de suelo que funciona bien en el granero. Aunque es una sustancia polvorienta y suave, se compacta como un trozo de hormigón.

También se puede usar en áreas donde las llamas se pasean, como justo fuera del granero o la apertura de la puerta. Lo encontrará útil, ya que evita el barro, haciéndolo fácil de limpiar.

- Construya un comedero de madera poco profundo

A lo largo de las paredes del granero, construya un comedero de madera y hágalo poco profundo. Esto le permite extender el alimento para que no se les ponga un bocado demasiado grande, lo que puede ser un peligro de asfixia.

Asegúrese de que todos los animales tengan el mismo acceso al alimento. Además, planifique un área de almacenamiento de granos para facilitar el acceso a los alimentos para animales.

Utilice contenedores metálicos de almacenamiento que puedan evitar que los mapaches entren y engullan sus granos.

- Utilice divisores de granero

Use una puerta de 12 o 16 pies de alto como divisoria del granero. Móntela en la pared para que pueda quitarla fácilmente si necesita agrandar el área o diséñela para que pueda girarla hacia un lado para meter un minicargador o un carro en el espacio para su limpieza.

- Construya un alimentador de heno

Localice un comedero de heno fuera del granero. Esto animará a los animales a dejar su refugio. Sin embargo, asegúrese de cubrir el comedero para evitar que el heno se moje por la lluvia o el rocío matinal.

Durante la estación húmeda, puede alimentarlos con heno dentro del granero, pero recuerde que eso requiere más limpieza.

- Planifique un área de almacenamiento

Planifique un área donde pueda guardar los cabestrillos o los collares de cabeza, los suministros para el esquilado y el equipo médico.

También puede almacenar heno sobre los corrales de las llamas, pero debe planear una abertura que le permita dejar los fardos de heno directamente sobre el área que necesite. De nuevo, intente almacenar el heno lejos del establo de los animales porque puede soportar brotes de fuego. Es mejor guardar el heno en otro granero o refugio y evitar fumar en los graneros.

Por último, tenga en cuenta que no todos los puntos y elementos sugeridos anteriormente pueden ser adecuados para usted, pero estas ideas pueden apoyar la forma en que planifica su granero y hacer que el manejo del ganado sea exitoso.

El vallado y el medio ambiente

La razón por la que necesita cercar su granja es más para protegerle de los depredadores que para contener a las llamas o alpacas. Los depredadores incluyen coyotes, pumas y perros.

Los perros causan la mayoría de los ataques de depredadores a las llamas. Por lo tanto, al planificar o cercar su granja, su enfoque debe ser para protegerse de los perros; una cerca que mantenga fuera a los perros también mantendrá fuera a los coyotes.

Lidiar con los pumas tiene otro enfoque. Un puma trepará a través de cualquier cerca si está decidido a hacerlo; afortunadamente, sin embargo, los ataques de pumas son raros. Por lo tanto, debería enfocarse más en controlar los ataques de perros, que son más comunes.

Hay varios estilos de vallas, y varios tipos de materiales pueden ser usados en su construcción. Sin embargo, al decidir el tipo de recinto y los materiales para hacer su cerca, la funcionalidad debe ser su factor determinante.

Las cercas de alambre son baratas. Si evita que se entierre en el suelo, puede durar mucho tiempo. Las cercas de rieles también son una buena opción de cercado, pero tendrá que respaldarlas con cercas de alambre. Combinadas, estas dos protegerán eficazmente su granja contra los depredadores.

Evite el uso de alambre de púas; aunque puede ser adecuado para mantener fuera a los depredadores, es peligroso para su ganado. Cualquier llama desatenta o curiosa puede correr hacia la cerca o frotarse contra ella y resultar herida por las púas.

Una cerca "anti escalada" es popular porque es segura, cuesta menos y tiene pequeñas aberturas. Es difícil para los depredadores escalar porque es alta.

Puede instalar una cerca "anti escalada" en un poste de metal, madera o fibra de vidrio. Es el tipo de cerca que mantiene fuera a casi todos los tipos de animales no deseados. Incluso los animales que no son presa directa de las llamas o alpacas pueden ser portadores de parásitos o enfermedades infecciosas y deben mantenerse alejados de su granja.

Otro tipo de cercado común entre los criadores de alpacas y llamas es el "Cercado de alta tensada de múltiples filamentos". Es un tipo de cerca que tiene múltiples filamentos de alambres espaciados de manera variable. El alambre está concentrado en la parte inferior y escasamente distribuido en la parte superior; este diseño evita que los depredadores excaven para acceder a la granja y evita que sus llamas o alpacas metan la cabeza en el alambre.

Cuando construya la cerca, use postes de madera tratada, metal, o una combinación de ambos, espaciándolos entre 8 y 12 pies de distancia. Una cerca de cinco pies de altura es suficiente, pero recuerde que una llama adulta motivada puede saltar una cerca alta. Incluso si eso ocurre, las llamas o alpacas no se moverán lejos de la compañía de otros, y puede fácilmente atraerlas de vuelta con golosinas.

Cimente los postes de apoyo, tirar de los postes y las esquinas al suelo. Si su granja está en un terreno que no es sólido, puede que necesite cementar *todos los postes*. Recuerde que es más económico construir una cerca fuerte y segura desde el principio que reparar o reconstruir unas endebles cuando ya no pueda mantener a los depredadores fuera de la granja.

Las demandas climáticas sobre el cobertizo y las instalaciones

Hay ligeros cambios en la demanda de cobertizos e instalaciones a medida que las estaciones van y vienen. Por lo tanto, es necesario familiarizarse con los cambios y saber qué hacer durante cada estación.

- Requerimientos de invierno

Un error común es que el hábitat nativo de una llama es una región fría de gran altitud. Aunque el hábitat nativo tiene proximidad al ecuador, proporciona una temperatura media de 20 a 55 grados F. Aunque la temperatura baja por la noche, rara vez baja de 10 grados F. Teniendo esto en cuenta, los granjeros que crían llamas o alpacas en una región fría necesitarán protegerlas.

Un granero grande y cerrado es la mejor protección cuando la temperatura cae por debajo de 0 grados. Cierre el granero con plástico colgante para reducir el viento.

Las llamas o alpacas con menos lana necesitarán una consideración especial durante el frío; deben ser vigiladas por signos de hipotermia. Considere aislar y calentar los graneros como se hace comúnmente con el ganado durante el invierno. Sin embargo, si va a cerrar el granero, asegúrese de que haya una ventilación adecuada. Puede instalar rejillas de ventilación en la cima del techo para la entrada y salida libre de aire.

La humedad puede acumularse rápidamente en el granero, causando un brote de bronquitis y neumonía en el rebaño.

Como alternativa a la calefacción del granero, puede fomentar el calor corporal obligando a la manada a agruparse en el cobertizo o el granero.

- Requisitos de verano

En los climas cálidos, la sombra —ya sea en forma de cobertizo construido o de árboles— es esencial, ya que a las llamas o alpacas no les gusta el calor; las temperaturas altas y la humedad pueden causar insolación.

Los ventiladores grandes o de circulación normal también han demostrado ser útiles cuando los espacios interiores como el granero se calientan demasiado.

Con el calor, las llamas y las alpacas se estirarán al sol, pero a menudo encuentran un medio para refrescarse, como bajo un árbol de sombra.

Puede ayudarles a manejar el calor durante las calurosas temporadas de verano proporcionándoles un medio de enfriamiento, como estanques, arroyos, piscinas para niños, rociadores, etc. También puede proporcionarles un área sombreada con arena donde puedan tumbarse.

Sería mejor si tuviera los ambientes antes de considerar la posibilidad de criar una llama. Con las sugerencias y requerimientos descritos anteriormente, no debería ser difícil poner tales instalaciones en su lugar, y mantenerlas en base a las estaciones.

Una vez que tenga todas las facilidades de alojamiento, estará listo para comprar su primera llama. El siguiente capítulo le enseñará cómo hacer la mejor elección para usted.

Capítulo 4: Comprando su primera llama

Dato corto - *Las llamas son animales increíblemente sociales y no les gusta estar solas. La estructura social puede cambiar rápidamente en un ganado; un macho de llama puede cambiar de posición en ganado ganando o perdiendo peleas con el líder del ganado.*

Ahora usted está listo para comprar su primera llama, así que tiene muchos factores a considerar y pasos a seguir. Las llamas y las alpacas son animales espectaculares, y es importante entenderlos antes de salir a comprar las suyas.

Comprar una llama se vuelve más sencillo una vez que entiende claramente estos animales únicos.

Cosas que hacer y considerar al comprar su primera llama

El mantenimiento de las llamas puede compararse con la búsqueda de un nuevo hobby; hay diferentes aspectos que deben conocerse y reglas que deben cumplirse. Comprar una llama no es una decisión a tomar porque usted se siente triste o solo, o por capricho. Debe ser un proceso lento, reflexivo y con conocimiento de causa. Aquí hay una lista de sugerencias para ayudarle en esta importante decisión.

1. Investigación

Informarse sobre el animal y su cuidado es crucial antes de invertir en uno. Es esencial que digiera toda la información disponible y posiblemente visite una granja de llamas para familiarizarse con lo que podría involucrar tener uno.

También le ayudará a descubrir si el espacio donde pretende alojarlas es lo suficientemente amplio, o si pagará una granja para alojarlas y cuidarlas. Después de su investigación, puede determinar si el mantenimiento de las llamas es un emprendimiento que es capaz de llevar a cabo.

2. Determine por qué está comprando llamas

No compre una llama solo porque le apetezca o porque le guste su aspecto. Puede que reciba más de lo que espera. Si está buscando criar llamas, entonces debería buscar hembras en lugar de castrados.

Necesitará determinar la edad y el peso de su llama, si la mantendrá como mascota, para carga o para tirar un carro. En general, debe tener una razón específica en mente para comprar una, ya que le ayudará a decidir lo que necesita.

3. Dónde comprará

La emoción de poseer una llama, después de meses —o tal vez años— de espera, no debería hacerle saltar a la primera oportunidad de comprar una. El lugar donde se compra la llama es tan importante como la forma en que se cuida. Necesita su historial y el comportamiento de la llama.

Un vendedor de llamas cualquiera podría no proporcionarle toda la información que necesita para cuidarla. Por eso es mejor comprar a un criador de confianza que a un corredor o en una subasta. Se arriesga a no obtener el tipo necesario para el propósito que pretende, y peor aún, podría ser enfermizo.

4. Espacio

Como cualquier otro animal del ganado, las llamas necesitan suficiente espacio para pasear. Si el espacio de su patio trasero no es muy grande, puede albergar hasta dos llamas allí. Sin embargo, si le gustan las llamas, pero no tiene suficiente espacio para alojarlas, entonces puede considerar alojarlas con los criadores locales cerca de usted.

Algunos ranchos pueden albergarlas, así que todo lo que necesita es investigar antes de comprar su llama. Si no puede encontrar una disponible, su vendedor podría alojar a sus animales, así que puede seguir siendo un orgulloso dueño de llamas, incluso si está corto de espacio.

5. Considere la naturaleza del ganado de llamas

Está bien enamorarse de estos animales inteligentes y querer traerlos a casa. Sin embargo, tenga en cuenta que solo están en su mejor momento cuando otras llamas están alrededor.

Así que, si está pensando en comprar una llama, probablemente tendrá que ir a casa con al menos dos llamas del mismo sexo. También puede alojarlas con otras hasta que compre su próxima llama.

Puede comprar solo una, solo si le sirve de guardia a su rebaño de ovejas.

6. Tiempo y cuidado

Un secreto detrás de la calma de las llamas es la atención y el cuidado. Ayudará si tiene mucho tiempo para atender sus necesidades. Estos animales necesitan por lo menos un chequeo veterinario mensual de rutina, una esquila regular del pelaje y un corte de uñas.

Cuando se recibe una llama, hay que poner todo el amor que se pueda en su cuidado. La llama se sentirá más segura a su alrededor cuando reciba su cuidado y atención.

Asegúrese de tener tiempo para revisarlas y comprobar que están en buenas condiciones. Si usted está demasiado ocupado y no puede conseguir a alguien que haga estas cosas en su ausencia, entonces tal vez quiera reconsiderar el tener una.

Qué hacer y qué no hacer al comprar su primera llama

Hay tantas cosas a considerar cuando se quiere comprar llamas. Las reglas pueden parecer abrumadoras al principio, pero es por su salud y el bienestar de los animales que compra.

Hay ciertas cosas que pueden ayudar a que su compra se realice sin problemas. Aquí hay una lista para su consideración:

- Nunca compre una llama sin educarse

Saber todo lo que necesita saber sobre las llamas le da una ventaja cuando finalmente compre una. Necesita tener el conocimiento correcto, ya que se arriesga a tener problemas si compra sin entender adecuadamente a estos animales únicos.

- Nunca compre su primera llama sin observarla

Observarla no significa levantarla, voltear la espalda y las patas hacia arriba, para hacer una revisión completa. Significa pasar tiempo visitando una granja de llamas para ver cómo viven las llamas, cómo se cuidan y cómo se comportan

Observar significa que usted sabe todo lo que pasa alrededor de la granja cada vez que la visita. Ver cómo los animales son conducidos, entrenados, retenidos y manejados. Le mostrará en qué se está aventurando y le ayudará a imaginarse haciendo lo mismo.

- No se olvide de hacer preguntas

Necesita toda la información que pueda obtener, por lo tanto, es esencial visitar la granja tantas veces como sea posible. Podrá hacer preguntas sobre cualquier cosa que no entienda, y posiblemente descubrir la llama o llamas que desea comprar.

Necesitará hacer preguntas sobre los registros de salud de los animales, ya que dan una posible indicación del estado de salud de su futura compra. Pregunte acerca de cómo son vacunados, con qué frecuencia, acerca del veterinario, y qué esperar después de comprar una. Algunas granjas ofrecen cría gratuita, seguimiento o incluso entrega. No pague por una llama hasta que todo esté completamente explicado.

• Haga un examen previo a la compra

Haga que un veterinario ayude a examinar los animales antes de comprar; siempre es más fácil tomar la palabra de un profesional que la de la persona que busca vender la llama. Un examen previo a la compra por un veterinario facilita todo el proceso e incluso ayuda a detectar problemas que el vendedor podría desconocer.

• No compre su primera llama en una subasta

Normalmente no es prudente comprar su primera llama en una subasta. Es una aventura arriesgada por muchas razones. Comprar su primera llama en una subasta no le dará el privilegio de observar, revisar y hacer preguntas como lo haría si comprara en una granja. Muchas cosas pueden salir mal con el animal después de comprarlo, y puede que no tenga acceso a sus registros de salud. Además, puede que nunca sepa si los animales fueron subastados debido a un problema subyacente. Por último, será difícil determinar si el animal es el más adecuado para lo que usted tenía en mente.

• Preste atención a la personalidad de la llama que está comprando

Al igual que los humanos, las llamas también tienen sus personalidades, fortalezas y debilidades únicas. Busque descubrirlas y posiblemente pregunte al vendedor una vez que ubique un par de llamas quiera llevarse a casa. No caiga en el truco de creer que existe una llama perfecta. Su trabajo es familiarizarse con las posibles dificultades que la compra de un tipo particular podría traer y preguntarse si está dispuesto a lidiar con ellas.

- Nunca compre una sola llama

Las llamas odian estar solas, volviéndose malvadas y deprimidas cuando están fuera del ganado. No quiere una llama infeliz a su alrededor. Así que, ¡nunca compre una sola llama!

Cualquier vendedor dispuesto a venderle solo una, a pesar de saber que nunca ha tenido una, debe ser evitado. Probablemente están interesados en su dinero y no en su cordura, mucho menos en el bienestar de la llama.

- No compre un par (macho y hembra)

La posibilidad de comprar un macho y una hembra puede parecer una idea jugosa, especialmente si se busca criar un ganado para venderlo más tarde. Sin embargo, considere que un macho y una hembra mantenidos juntos se reproducirán repetidamente, una práctica que eventualmente llevará a infecciones para ambos animales. Si quiere criar, es mejor comprar parejas del mismo sexo.

No tiene sentido comprar pares del sexo opuesto si no está interesado en criar en primer lugar.

- No compre una llama que nunca ha visto

Es normal conseguir ofertas en Internet e incluso que le proporcionen suficiente información para ayudarle a tomar una decisión. Sin embargo, es mejor buscar un vendedor si está cerca de su localidad. Por favor, no compre una llama por Internet que nunca haya visto, tocado u observado.

- Visite varias granjas de llamas

Usted se mereces el mejor trato por su dinero y no es posible que lo consiga visitando a un solo criador. Visite muchas granjas de llamas, observe sus prácticas y familiarícese con sus términos antes de comprar.

- No compre una llama sin un contrato escrito

Un contrato escrito hace responsable al vendedor de todos los servicios postventa prometidos. Tener el acuerdo por escrito hace más fácil referirse a los términos cuando las cosas vayan mal, en lugar de adivinar lo acordado.

Es más fácil hacer responsable al vendedor de cumplir su parte del contrato cuando está escrito en un contrato.

Cómo detectar una buena raza de llama para comprar

Ahora que sabe todo lo que tiene que hacer y no hacer al comprar su primera llama, ¡está listo para empezar! Estos puntos cruciales le ayudarán a conocer la raza de llama correcta para comprar.

1. La reputación del criador

La reputación del criador ayudará a determinar qué raza de llama comprar. Por lo tanto, es esencial verificar con muchos criadores y observar sus prácticas. Un criador de renombre será miembro de las asociaciones de llamas y tendrá sus animales registrados en el registro internacional de llamas.

El criador también criará llamas jóvenes de manera responsable sin producirlas en masa como cachorros de perro. Si en una granja de cría se encuentran más de un máximo de cinco crías (llamas o alpacas bebé), esto indica que el criador puede no estar cuidando adecuadamente a sus animales.

2. El vendedor tiene un buen conocimiento y registro de los animales

La forma en que un vendedor se compromete con sus llamas reflejará la calidad del cuidado que han recibido y le ayudará a decidir si la inversión vale la pena. El conocimiento que el vendedor muestre sobre la salud e historia del animal también ayudará a determinar la elección que usted haga.

Una buena raza reflejará una larga historia de atención y cuidado por parte del vendedor, y el riesgo de futuros problemas después de la compra será mínimo.

3. Calidad de la atención veterinaria

La calidad de la atención veterinaria que la raza de llama ha recibido a lo largo del tiempo le ayudará a determinar qué calidad está pagando. Si las llamas son vacunadas regularmente, revisadas rutinariamente, y tienen un registro general de buena salud, entonces usted sabe que ha encontrado una buena raza.

4. Condiciones excelentes de su observación

Lo que observó durante sus visitas también determinará si ha encontrado la raza correcta. Considere si los animales tienen un aspecto saludable o un peso inferior al normal, si tienen cuerpos limpios, si tienen llagas u otros indicadores aparentes de lo bien que fueron cuidados.

¿Pudo llevarlos a pasear? ¿Cómo respondieron los animales al ser conducidos o detenidos? ¿Han sido entrenados? Estos pasos proporcionan los indicadores necesarios para determinar si se ha encontrado la raza correcta o si se debe seguir buscando, dependiendo de cómo se pretenda utilizarlos. Si tienen un aspecto enfermizo, desnutrido, desarreglado con las uñas sin cortar, y el pelo sin cortar, esas podrían ser las banderas rojas para considerar la búsqueda de un nuevo lugar donde comprar.

5. Las llamas son independientes

Las llamas pueden desarrollar una afición por usted cuando aparece a su alrededor constantemente; aun así, ¡no deberían seguirle!

Cuando los animales son demasiado amigables a su alrededor, entonces no debería ir por esas razas. Es peligroso para ellos querer estar siempre cerca de usted; son ganado, no perros.

Cuando las llamas son amigables, pero independientes, considérelas. Las aparentemente demasiado buenas pueden resultar bastante malas, especialmente cuando no reciben la atención que esperan.

6. Suficiente destete y ordeño

Primero, vaya por razas destetadas apropiadamente en cinco o seis meses. Las razas destetadas antes pueden estar por debajo de su peso, resultar peligrosas y ser propensas a infecciones y enfermedades más tarde.

Si está buscando una hembra y tiene la intención de que dé crías, es esencial encontrar una cuya madre haya ordeñado bien. Si la madre fue una ordeñadora ligera, esta también puede serlo, lo que puede suponer un problema para usted más tarde.

7. Buen historial genético

Una llama cara con un excelente historial genético producirá más beneficios generales que una más barata con un historial de problemas genéticos. Por lo tanto, es esencial preguntarle a su criador sobre los posibles problemas genéticos de sus posibles llamas.

Cómo obtener un buen trato en su primera llama

Finalmente, es hora de adquirir su primera llama, pero no está seguro del precio; puede obtener un buen trato en su primera llama sin vaciar su bolso.

Los precios de las llamas siempre se clasifican en tres categorías: baratas, de precio moderado y caras. Estos animales varían en precio debido a la calidad del cuidado, la edad y las calificaciones individuales de los criadores. Algunos criadores ofrecen un servicio post-venta con todo incluido, lo que también podría crear precios más altos.

Una llama gratis o barata a menudo tiene varias razones para ser barata, y usted debe averiguar por qué se venden por menos.

En promedio, las llamas deberían costar entre 1,500 y 5,000 dólares. Encontrar una llama mucho más baja que esa cantidad no debería emocionarle tanto como generarle curiosidad. Una vez que se le haya informado sobre la condición de la llama y esté satisfecho con los posibles resultados de esa compra, entonces podrá seguir adelante.

Muchos factores determinan su compra de precio moderado. Estos factores incluyen la edad, la calidad de la crianza, la salud, el peso y la fuerza de la llama. Comprobar los precios con varias granjas le ayudará a notar si un vendedor está subiendo los precios irrazonablemente. Pero en general, las llamas bien criadas no costarán una fortuna.

Algunas llamas costarán más, especialmente si las alojará con el vendedor por falta de espacio o ganado. Tendrá que pagar por todos los cuidados, la alimentación y la atención médica. Una llama preñada costará más que una hembra no preñada.

Considere cuidadosamente todos los factores subyacentes a su compra, ya que determina cuánto pagará. Los precios de las llamas son relativos de un lugar a otro, pero asegúrese de buscar animales de calidad cuando busque las mejores ofertas.

Conclusión

Comprar una llama no es un juego de niños, y usted debe estar listo para emprender todos los sacrificios a cambio de la emoción de poseer estos animales inteligentes. Recuerde, si viene a casa con su primera llama, no debe ser con una sola, sino con dos.

Asegúrese de tener todo lo necesario para albergar dos o más llamas y prepárese mental y financieramente para sus nuevos amigos peludos. Ahora que sabe cómo comprar y alojar una llama, debe aprender sus comportamientos.

Capítulo 5: Comportamiento y manejo de las llamas

Dato corto - *La llama raramente muerde. Sin embargo, escupen cuando se molestan o agitan, pero generalmente entre ellas, no a las personas. También luchan con el cuello y se patean entre sí cuando se molestan, pero no tienden a atacar a los humanos, a menos que los molesten.*

Usted necesita saber todo sobre el comportamiento de las llamas para cuidarlas adecuadamente. Es importante ser capaz de predecir y entender sus reacciones. Curiosamente, las llamas son animales fáciles de cuidar, especialmente cuando sabe cómo se comportan.

En este capítulo, descubrirá todo lo que necesita saber sobre su comportamiento y las formas de manejarlas. ¡Ahora, vamos a sumergirnos!

¿Qué comportamientos exhibe una llama?

Una llama es un animal inteligente que puede ser entrenado fácilmente; con una a cinco repeticiones, aprenderá y recordará muchas habilidades. Puede instruirlos para hacer muchas cosas, como aceptar un cabestro y ser guiados en una pista.

Pueden adaptarse rápidamente al entrenamiento, como tirar de un carro, llevar carga y subir y bajar de un vehículo de transporte. Las llamas son animales amistosos, pero necesitan la compañía de su especie.

Las llamas son animales amables, tímidos y curiosos; son tranquilos y tienen sentido común, lo que hace que sean fáciles de manejar para cualquiera, incluso para los niños. Las llamas son animales agradables, y son divertidas cuando hacen cosas; sin embargo, la mayoría no buscan atención y no les gusta que las manejen excesivamente.

¿Escupen las llamas?

Sí, las llamas pueden escupir, y es una forma de comunicarse entre ellas y mostrar su ira. Otras formas de comunicación entre ellas incluyen la posición de las orejas, el zumbido y el lenguaje corporal.

Las llamas suelen escupir a otras llamas para establecer su dominio, pero no escupen a las personas. Si las llamas escupen a otras llamas mientras están en el granero, es generalmente a la hora de la alimentación cuando se invade el espacio personal.

Las llamas también escupen como mecanismo de defensa. Sin embargo, antes de escupir, suelen alargar sus cuellos y cabezas hacia arriba para mostrar su desagrado, esa es su señal de advertencia. Si lee este lenguaje corporal correctamente, ¡puede alejarse!

Las llamas no le escupirán a menos que se sientan confinadas o perciban que están en peligro. Como los perros no muerden a la gente sin razón, estos animales solo escupen cuando son provocados como mecanismo de defensa.

Las llamas hacen un "mwa" o sonido de gemido para mostrar ira o miedo y ponen sus orejas hacia atrás cuando se agitan. También se puede saber cuán agitada está la llama por el contenido de la saliva. Cuando están muy perturbadas, sacan materiales de su estómago más interno, sacando de sus profundidades una masa verde y pegajosa.

¡Trate de no quedar atrapado en el camino cuando las llamas escupan porque puede ser increíblemente desagradable!

Cuando se entrena a estos animales correctamente, las llamas rara vez escupen a un humano. A veces pueden escupirse entre ellas para disciplinar a las llamas de menor rango, ya que son animales de manada social. Las llamas pueden subir la escala social en sus filas buscando peleas. La mayoría de las veces serán testigos de estas peleas entre llamas macho para obtener la posición alfa.

Estas peleas entre llamas pueden ser entretenidas. Escupen, se golpean con el pecho, luchan con sus cuellos y dan patadas para desequilibrar al otro. Las llamas hembras suelen escupir para controlar a los otros miembros del ganado.

¿Recuerda que hablamos de la necesidad de las llamas de tener una compañía de su tipo? Ahora hablemos de la compañía.

Compañía

Como animal de ganado, una llama necesita otras llamas. Por lo tanto, debe tener, al menos, dos llamas en su pasto. Es triste ver a una llama sola, y aunque quiera que las llamas cuiden a sus ovejas, consiga al menos dos para ese propósito, ya que son más efectivas cuando se trabaja con un compañero. Su aguda vista les ayuda a mantenerse vigilantes de su entorno y tienen una curiosidad natural, que les hace querer ver y oler todo.

Machos berseker

No se puede discutir el comportamiento de la llama sin tocar el Síndrome del macho berserker, también conocido como "Síndrome del manejador novato" o "Síndrome de la alpaca berserk". Es un síndrome de comportamiento causado por los humanos cuando interactúan incorrectamente con los machos jóvenes (llama). La llama puede exhibir un comportamiento agresivo y los humanos malinterpretan el comportamiento agresivo como amigable.

Corredores rápidos

Las llamas pueden correr rápido. El perro promedio puede moverse a unos 30 o 40 kilómetros por hora; una llama, cuando se pone a correr, puede moverse a más de 60 kilómetros por hora. Este es un gran mecanismo de protección, ya que significa que pueden superar a muchos depredadores.

Apareamiento

Cuando se habla del comportamiento de las llamas, el apareamiento es un tema del que oirán hablar mucho. No debe obstaculizar a un macho agresivo durante el apareamiento, ya que estará preocupado por completar su tarea y usted podría resultar fácilmente herido.

Cuando se agregan los elementos de diferentes ambientes y hembras, se verán más diferencias en el temperamento del macho de llama. Sin embargo, no solo los machos de llama tienen variaciones de temperamento. Las llamas hembras también exhiben mal humor, y la personalidad de una llama hembra no entrenada puede cambiar cuando un macho se acerca para el apareamiento. Incluso la llama más alterada puede volverse dulce y dócil durante la sesión de apareamiento.

Siempre hay llamas mirando como espectadoras durante el apareamiento. Cualquier hembra no entrenada se acostará cerca de la pareja de apareamiento mientras que las hembras entrenadas normalmente se quedarán atrás y observarán como si el proceso fuera para su entretenimiento.

Embarazo

Las llamas preñadas también cambian de personalidad. Una llama amistosa puede volverse distante, mientras que una llama tranquila y peculiar puede volverse valiente. Se ven afectadas por el cambio en las hormonas, y se puede ver en el dramático cambio de sus comportamientos.

¿Cómo se comunican? Los sonidos de la llama

Siendo animales de manada, las llamas se comunican usando varios sonidos.

1. El zumbido de la llama

Estos animales usan este sonido para comunicarse desde el nacimiento, similar al zumbido humano. Las llamas hacen este sonido cuando están preocupadas, angustiadas, cansadas, ansiosas o curiosas. Una madre llama también puede hacer este zumbido para dar la bienvenida a su recién nacido. Este sonido les ayuda a comunicarse y a mantenerse conectadas.

2. Chasqueo

Este sonido es como un humano chasqueando su lengua en el techo de su boca. Cuando las llamas chasquean, típicamente vuelcan hacia atrás las orejas. Este sonido expresa preocupación o señala amistad, lo usan para saludar a las nuevas llamas o para coquetear con las hembras.

3. Gorgoteo

Este sonido es como si una persona hiciera gárgaras. Las llamas macho hacen este sonido cuando se acercan a una hembra para reproducirse. Continúa sonando así hasta que la cópula se completa, y puede continuar por veinte minutos a una hora.

4. Llamada de alarma

Las llamas hacen esta llamada cuando sienten miedo o se sorprenden por algo. El sonido es fuerte, agudo y rítmico, y alerta a los demás miembros del ganado de que hay un depredador cerca (especialmente perros).

Las llamas viajan en ganados cuando están en la naturaleza. Cuando un animal se da cuenta de un depredador, hacen este sonido para alertar a los demás.

5. Resoplo

Las llamas resoplarán cuando otra llama invada su espacio, normalmente como un mensaje de advertencia para que se alejen. No todas las llamas resoplan, pero las que lo hacen lo hacen a menudo.

6. Gritos

Cuando una llama grita, es como si alguien soplara una sirena junto a su oído, ¡porque es muy ruidosa! Las llamas gritarán solo cuando no son manejadas correctamente. También comunican sus estados de ánimo con una serie de posturas de cola, cuerpo y orejas.

Al igual que los humanos, las llamas son únicas. No todas son inteligentes o agradables, y averiguar el comportamiento básico de una llama le ayudará a modificar su comportamiento, o al menos a acomodarlo.

Manejo de la llama

Aunque las llamas no son animales que deban ser excesivamente mimados, todavía hay pautas que deben seguirse al manipularlas. Hasta cierto punto, las llamas son animales emocionales y, como miembros de la familia de los camélidos, tienen varios rasgos similares a los del camello. Esto significa que puede usar las pautas de tratamiento de los camellos para manejar sus llamas.

Las llamas son animales de pastoreo, lo que hace que sean reacios a la separación. Una forma de manejar tal situación es seguir dividiendo a las llamas en grupos más pequeños. Tendrá que repetir este proceso hasta que seleccione la que necesite de un grupo relativamente pequeño. Tenga cuidado de no amenazar o asustar a los animales, evite los movimientos bruscos.

Si se debe retirar una sola llama de su ganado para tratamiento u otro propósito, se deben seguir procedimientos específicos.

¿Cómo puedo separar una?

Trate de acercarse a la llama lentamente y agarrar su cabeza. No haga fuerza, pero trate de asegurar un agarre firme usando el brazo y el hombro. La llama puede tratar de impedir que usted la tome, y a veces de manera contundente, pero hay algunos trucos que puede utilizar para restringirla.

Puede aplicar la técnica de la oreja: presione la cabeza de la llama y sujete firmemente su oreja externa. Esta técnica se usa comúnmente en camellos y caballos.

También puede presionar el hombro de la llama, colocando sus manos firmemente en la base del cuello.

La captura de la línea media es otra forma brillante de atraparlas. La llama debe estar en una posición en la que se alinee con el corral con su cabeza en una esquina. Esta posición da un movimiento suave y firme desde un lugar detrás del ojo. Coloque el dorso de su mano en la parte baja de su cuello y luego deslice la mano hacia arriba detrás de las orejas mientras se acerca para poner la otra mano bajo la barbilla. Ponga su dedo índice y su pulgar en la ranura de la mandíbula inferior, dándole una *sujeción de brazalete*. El agarre ayuda a mantener al animal estable.

Algunas llamas pueden ser acorraladas y agarradas por el cuello para su crianza, pero es probable que salgan corriendo. Se puede usar una cuerda de captura y una varita para atrapar al animal y entrar en su zona de escape. Cuando lo haga, la llama se quedará quieta. En ese punto, puede acercarse más. Sin embargo, hay que tener en cuenta la posición del cuerpo de la llama, y luego acercarse.

Con la cuerda alrededor de su cuello, usted estará en un punto de ventaja para ayudar al animal a ganar equilibrio y comportamiento adecuado. Mantenga una distancia segura de la llama. Con esta postura, usted no será una amenaza para ella.

En el manejo de las llamas, necesitará equipo que pueda comprar fácilmente o improvisarlo. Las cuerdas son el equipo más común.

No use la cuerda para mantener al animal quieto, en su lugar, manténgala lo suficientemente apretada para cerrar su ruta de escape. Podría disparar el instinto de huida del animal, así que es mejor usar el corral como contención para el animal, no la cuerda.

Coloque su brazo alrededor del cuello para mantener el equilibrio; el hecho de que un cuidador le saque de equilibrio crea pánico en el animal. Una llama en equilibrio llevará alrededor del 67 por ciento de su peso corporal sobre el frente. El restante 33 por ciento será sobre las patas traseras con la cabeza en línea sobre el cuello y los hombros.

¿Cómo trato a las llamas?

Los procedimientos anteriores le permitirán completar su examen sin estrés innecesario. Las inyecciones se pueden aplicar en el tríceps, o en el ángulo del cuello y el hombro, pero, al inyectar la llama, inclínese sobre el animal para que el movimiento no desplace la aguja.

Cuando realice un examen de sangre en su llama, agáchese para hacerlo, ya que esta posición ocultará los movimientos rápidos y repentinos que podrían asustar al animal.

Las llamas plantean desafíos de manejo debido a su tamaño y fuerza. Aquellas con vellón menos denso son más fáciles de examinar, pero si una llama no puede permanecer quieta para los procedimientos necesarios como el esquilado, es probable que no esté tranquila durante los procesos veterinarios.

En tales casos, se pueden aplicar las técnicas explicadas anteriormente, para dar al animal la oportunidad de permanecer de pie de forma independiente.

¿Cómo arreglo un cabestro para las llamas?

Se recomienda un cabestro bien diseñado para ayudar a sus animales a equilibrarse de manera efectiva. Es una herramienta cómoda y útil para comunicarse con los animales camélidos, especialmente la llama.

Los camélidos respiran por la nariz. Por esta razón, debe usar cabestrillos que no se deslicen hacia adelante sobre la nariz, comprimiendo el cartílago nasal. Para prevenir tales incidentes, asegure firmemente la pieza de la corona detrás de las orejas de la llama. El cabestro que elija debe ser cómodo. Usted sabrá que es cómodo cuando hay suficiente espacio en la cavidad nasal para que la llama coma y rumie. Un cabestro perfecto se sienta cómodamente en la cabeza de la llama en vez de en su nariz.

A veces, puede parecer imposible llevar a cabo un examen, y por lo tanto, se requieren planes alternativos. No persiga a su animal asustado; puede estar arriesgándose a lastimarse a sí mismo y/o a la llama.

De ser necesario, reprograme los exámenes en lugar de poner en peligro a su animal (o a usted mismo). Consiga la ayuda de manipuladores más experimentados o, en casos más graves, sédelo.

Con estos sencillos procedimientos, su manejo no será un problema. Tomarse el tiempo para estudiar a las llamas le ayudará a saber cómo manejarlas en cualquier situación.

Capítulo 6: Nutrición y alimentación de las llamas

Dato corto - *Las llamas son vegetarianas, y sus sistemas digestivos son increíblemente eficientes. Tienen tres compartimentos en sus estómagos: el rumen, el omaso y el abomaso. Regurgitan su comida y la vuelven a masticar varias veces para digerirla completamente, un proceso llamado masticar el bolo alimenticio.*

Las llamas pertenecen a un grupo de animales llamado el Camélido del Nuevo Mundo. La nutrición y la alimentación son únicas porque tienen un sistema digestivo significativamente diferente al de un rumiante típico, con un mayor coeficiente de digestibilidad.

En este capítulo, exploraremos el sistema digestivo de las llamas, sus requerimientos nutricionales y las recomendaciones de alimentación, explorando brevemente las cosas que no deben recibir.

El sistema digestivo de la llama

Se preguntará por qué es esencial entender su sistema digestivo. Las llamas no se consideran verdaderos rumiantes. Son rumiantes modificados porque tienen un estómago con tres compartimentos comparado con los verdaderos rumiantes, que tienen cuatro.

Las llamas solo mastican su comida lo suficiente para mezclarla con saliva para lubricarla y ayudarla a pasar por el esófago hasta el primer compartimiento llamado rumen. El esófago está directamente conectado al rumen y, en los animales adultos, puede llegar a medir hasta cuatro pies.

El primer compartimiento es alrededor del 83% del volumen total del estómago; está lleno de bacterias, y es donde comienza el proceso de fermentación. Esta bacteria es crucial para su nutrición, así que si se altera la población de bacterias, puede afectar negativamente a su salud.

Debe tener cuidado con lo que les da de comer y cómo hace cambios en su dieta. Hay una sustancia parecida al agua en este compartimento que descompone las células de las plantas y absorbe los nutrientes; un desequilibrio podría significar un problema para la digestión de la llama.

La sustancia en el primer compartimiento se mueve al segundo compartimiento para una mayor fermentación. Aquí hay poca actividad, y el segundo compartimiento es alrededor del 6% del volumen total del estómago.

El tercero está lleno de ácido estomacal, que ayuda a la digestión de los alimentos. El ácido del estómago salpica las membranas celulares de la sustancia ingerida, y una vez que la célula explota, dispersa los nutrientes y la energía de la comida.

Las bacterias que ayudaron al proceso de fermentación en el primer y segundo compartimiento serán digeridas en el tercer compartimiento. Proporciona proteínas y también es una fuente importante de aminoácidos.

El pH en el primer y segundo compartimiento es neutro, mientras que en el tercero es ácido. Por lo tanto, las llamas pueden desarrollar úlceras si no se alimentan adecuadamente. El balance de nitrógeno en su estómago también es crucial. Reciclan la urea para que las bacterias del estómago puedan sintetizar la proteína.

Las llamas mastican su comida en un movimiento de figura ocho. Una vez que las llamas mastican y tragan su comida, esta va a los otros compartimentos del estómago. Las llamas entonces regurgitan su comida y la mastican de nuevo, repitiendo el proceso hasta 75 veces.

Si se observa de cerca a la llama, se notará un bulto similar a una burbuja (conocido como bolo alimenticio) que se mueve hacia arriba por su cuello. Por lo tanto, regurgitar se conoce como *masticar el bolo alimenticio*.

Es esencial para mantener su sistema digestivo en equilibrio. Las llamas necesitan microorganismos para descomponer la celulosa, las proteínas y la urea y mantenerlas sanas; la población de microbios no debe ser afectada.

¿Qué significa esto? Si usted las lleva a otra granja o a un nuevo entorno, proporcióneles los alimentos que estaban acostumbradas a comer y luego añada lentamente nuevos alimentos a su dieta. Si van a realizar actividades extenuantes, es crucial no cambiar su dieta. También se pueden añadir probióticos para aliviar su estrés. Una población microbiana equilibrada y sana en el estómago es igual a una llama sana.

Trastornos digestivos en las llamas

Los trastornos digestivos son enfermedades o trastornos asociados con el tracto digestivo, también llamados trastornos gastrointestinales. Los signos clínicos son anorexia, distensión abdominal, depresión, aumento del pulso, temperatura subnormal y cólicos.

Sin embargo, estos signos no son diagnósticos, por lo que se deben realizar pruebas adicionales para confirmarlos. A continuación se explican algunos trastornos gastrointestinales.

Megaesófago

El megaesófago es un trastorno digestivo en el que el esófago se dilata (se agranda) y pierde la motilidad (la capacidad de llevar comida al estómago). Cuando esto sucede, las sustancias alimenticias se acumulan en el esófago y tienen dificultad para pasar al estómago.

La dilatación del esófago es relativamente común en las llamas, especialmente después de los casos de asfixia. Los signos comunes del megaesófago son la pérdida de peso crónica y la regurgitación postprandial de alimentos. Se desconoce la causa exacta de este trastorno y no hay tratamiento. Algunos animales pueden mantener la condición durante un período prolongado, mientras que otros seguirán perdiendo peso.

Atonía estomacal

La atonía estomacal es un raro trastorno gastrointestinal en las llamas, y la causa de este trastorno es desconocida. Los signos comunes son la reducción o el cese completo del consumo de alimentos, la depresión y la pérdida de condición corporal. También pueden ocurrir otros problemas gastrointestinales, como diarrea. El consumo de líquidos es una forma de corregir este trastorno.

Ulceras

Las úlceras en las llamas se desarrollan en el tercer compartimiento debido a los ácidos estomacales presentes allí. Los signos comunes son la disminución del consumo de alimentos, la depresión, y cólicos intermitentes a severos y el estrés es también un factor significativo. No se recomienda ningún tratamiento en particular, pero normalmente se basa en los signos y la historia clínica. El administrar omeprazol puede ayudar a reducir la producción de ácido. La reducción del estrés, los antibióticos parenterales y otras terapias de apoyo pueden ayudar al proceso de recuperación.

Enfermedad hepática

La enfermedad hepática es un problema relativamente común en las llamas. Puede ser causada por el estrés o un cambio abrupto en la dieta o la alimentación. Los signos más comunes son la disminución de crecimiento, escaso desarrollo (cuando su ritmo de crecimiento es más lento de lo esperado) y la muerte brusca. El tratamiento suele basarse en síntomas específicos, pero el aumento de los ácidos biliares séricos y las concentraciones de enzimas puede ayudar al proceso de recuperación. La tasa de mortalidad en los animales no tratados es relativamente alta, por lo que si se observan los signos, hay que darles el tratamiento adecuado.

Diarrea

Este desorden gastrointestinal no es común en las llamas. Las causas principales de la diarrea incluyen el cryptosporidio, el rotavirus, el coronavirus y las cepas enteropatógenas de Escherichia coli. Algunos crías (llamas bebés) también pueden experimentar diarrea transitoria de 2 a 3 semanas después del nacimiento, pero la diarrea en las llamas mayores suele ser causada por una infección o asociada con un cambio en la alimentación.

Estreñimiento e indigestión

Se recomienda un tratamiento clínico para este trastorno gastrointestinal y la modificación de la dieta. En llamas jóvenes, se debe considerar la ruptura de la vejiga, la retención de meconio y la enterotoxemia clostridial.

Bloqueo

La hinchazón es una condición gastrointestinal de hiperacidez por sobrecarga de granos, reticuloperitonitis traumática y desplazamiento de abomaso. Este desorden gastrointestinal no es común en las llamas.

Prevención y tratamiento de los trastornos gastrointestinales en las llamas

El tratamiento de los trastornos gastrointestinales en las llamas es similar al de los rumiantes domésticos. Sin embargo, cuando se observan signos de trastornos abdominales agudos, debe tratarse como una condición de emergencia que requiere atención inmediata.

En el caso de las úlceras, el trasplante del contenido del estómago de otra llama o vaca puede ser útil. El uso de aceite mineral, vinagre y bicarbonato también puede ayudar, especialmente cuando la atonía está relacionada con la sobrecarga de granos.

La mayoría de los desórdenes gastrointestinales son causados por su dieta. Las llamas deben ser alimentadas principalmente con pastos leguminosos y pastos mixtos. También se puede añadir un suplemento concentrado si la llama requiere mucha energía, especialmente si está preñada/lactando o si son llamas de carga.

Requerimientos nutricionales de las llamas

Debe conocer las necesidades nutricionales de la llama, ya que es esencial para criar un ganado productor saludable. Los requerimientos dietéticos afectarán su reproducción, la salud de sus crías, el estrés por calor, la calidad de la lana y la producción de leche.

Los requerimientos nutricionales pueden variar ligeramente dependiendo del propósito de sus llamas, su ubicación y el pasto que les provea. Pero en general, la dieta de la llama debe consistir en fibra, proteínas, sal, calcio, fósforo, minerales y vitaminas.

Fibra y energía

Las principales fuentes de energía en su dieta son los pastos y el heno. Un buen heno de hierba frondosa que no esté polvoriento o mohoso proporcionará la fibra y la energía necesarias. Un grano como el maíz también es una fuente de alta energía, y se puede añadir a su dieta para ayudarles a obtener la energía que necesitan para mantenerse fuertes y saludables.

Sin embargo, debe ser añadido en la proporción correcta. A las llamas en la última etapa de gestación o en la primera etapa de lactancia se les puede agregar 3/4 de libra de maíz partido a su dieta para darles la energía que necesitan. El maíz partido puede ser añadido a la dieta de la futura madre entre cuatro y seis semanas antes de la fecha de parto.

También se puede seguir alimentándola después del nacimiento, especialmente si la madre pierde mucho peso después de dar a luz. También requerirá mayor energía, ya que estará alimentando a su cría.

Sin embargo, debe tener en cuenta que los granos como la avena o el maíz deben ser utilizados solo como fuentes suplementarias de alta energía y no como la fuente de energía primaria en su dieta. Los granos tampoco deben darse en condiciones de clima extremadamente caluroso.

Proteína

El requerimiento de proteínas para las llamas es relativamente bajo. Por lo general, el heno de hierba de buena hoja proporcionará la ingesta de proteínas necesaria para su llama. Sin embargo, cuando sea necesario un suplemento de proteínas (lactancia o clima frío), puede agregar un 50% de heno de alfalfa a su dieta. Sin embargo, solo debe ser alimentado como un suplemento, no como su alimento principal debido al alto nivel de proteína en él. El heno de alfalfa es el culpable más probable de las almohadillas de grasa en el tejido mamario, y afecta negativamente a las crías al añadir un exceso de grasa durante su temporada de crecimiento primaria.

Además, el exceso de calcio obtenido del heno de alfalfa alterará el equilibrio entre el calcio (Ca) y el fósforo (P), que es vital para el rápido crecimiento de sus crías. Las deficiencias y el desequilibrio del calcio y el fósforo pueden causar una formación anormal de crecimiento óseo, como las patas arqueadas. Esto sucede cuando la madre o la cría comen demasiada alfalfa.

Tengan cuidado con la cantidad de proteínas con la que alimenta a sus llamas. Se recomienda un contenido de proteínas del 6 al 10 por ciento, aunque las crías pueden tener un requerimiento mayor de alrededor del 16 por ciento. La calidad del pasto y el contenido de proteínas son mayores en la primavera cuando las plantas están creciendo activamente.

Sal, vitaminas, calcio y fósforo

La sal, las vitaminas, el calcio y el fósforo también son un buen complemento (alimento). Estos nutrientes son esenciales para su bienestar, pero hay que regular la forma en que se alimentan estos suplementos, asegurándose de que se administren de manera uniforme.

La forma más eficiente de alimentar y controlar sus necesidades alimenticias es proporcionándoles el suplemento por medio de un pellet solamente. La mezcla de minerales y vitaminas en polvo, granos sueltos y pellets no permite una dieta controlable y consistente.

Los ingredientes no se distribuirán uniformemente, ya que la mayor parte caerá al fondo de la bolsa. Mantenga el tamaño de los pellets en aproximadamente 1/8 de pulgada para evitar que se ahogue. Si su llama se atraganta mientras se alimenta del pellet, deje de alimentarla por un par de días. Entonces puede introducir lentamente el pellet de nuevo en su alimentación.

El suplemento generalmente contiene todas las vitaminas, minerales y sal. Sin embargo, también es necesario darles una mezcla de oligoelementos sueltos, ya que la ausencia de un oligoelemento como el selenio en su dieta puede causar problemas. Sus animales pueden llegar a tener crías débiles, problemas de crecimiento, enfermedades del músculo blanco, lactancia e incluso problemas de reproducción.

Compruebe el nivel de selenio de sus animales al azar cuando les tome la sangre en un chequeo periódico. Si el nivel de selenio está por encima de 150 a 200, es normal. Sin embargo, cualquier cosa por debajo de 150 es motivo de preocupación.

Las llamas también necesitan mucha vitamina E en su dieta. La vitamina E en los forrajes secos no es suficiente, por lo que hay que darles suplementos; la falta o insuficiencia de vitamina E en las llamas se manifiesta en patas torcidas y en el desarrollo de crías débiles.

Asegúrese de alimentarlos con una dieta balanceada en climas cálidos y húmedos, ya que esto les ayudará a combatir el estrés por calor. También podría tener que aumentar la dosis de los suplementos cuando sus animales están en el final de la gestación, al principio de la lactancia, y en invierno.

Aunque entender la nutrición de las llamas puede ser complicado y un poco confuso, es un conocimiento esencial para criar un ganado sano y fuerte. Ellos pueden comer diferentes alimentos sin que usted los observe y aun así parecen estar bien. Sin embargo, los problemas eventualmente aparecerán. Puede ser en problemas de parto, costosas facturas del veterinario por enfermedades, o incluso la muerte.

Provea chequeos de rutina para monitorear la salud de sus animales. Realice análisis de sangre regularmente y comprueben al azar el nivel de selenio de la llama. Los chequeos deben incluir pruebas de balance de calcio y fósforo, y niveles de proteínas con un CBC.

Ocasionalmente, se puede hacer un análisis de sangre de IgG (inmunoglobulina) para ver cuáles son sus niveles de zinc y cobre. Además, péselos periódicamente y lleve un registro para asegurarse de conocer su salud y bienestar general.

Recomendación de alimentación para las llamas

Las llamas se adaptan a los alimentos, comen pastos, arbustos, hierbas (vegetación herbácea de hoja ancha, no leñosa) y árboles. Son herbívoros, pastores y exploradores. Necesitan fibra, energía, vitaminas y proteínas para mantenerse saludables y reciben energía y fibra comiendo heno, maíz, pasto y avena.

Como fuentes de proteínas, usted puede alimentarlos con heno de alfalfa, heno de pasto y castrado. Las llamas también tienen un alto requerimiento de vitamina C, que puede ser obtenida de pellets o polvo. Además, el agua siempre tiene que estar disponible.

El heno de alfalfa es una buena elección de heno. Sin embargo, evite usarlo todo el tiempo como alimento, complementándolo con pastos mixtos como hierba y legumbres. También puede complementar su dieta con granos o concentrados si se va a utilizar como animales de carga.

Una llama adulta consumirá alrededor del 2 por ciento de su peso corporal por día. Eso puede aumentar al 3 por ciento si están cargando, tirando de carros o cualquier otra actividad, o al 4 por ciento si está preñada o amamantando. En promedio, las llamas requieren alrededor de un fardo de heno a la semana o una libra de heno al día.

Se puede alimentar aproximadamente de tres a cinco llamas por acre, dependiendo de la calidad del pasto. También puede practicar el pastoreo rotativo de las llamas para ayudar a utilizar el pasto en mayor medida. El uso de los campos para satisfacer la mayoría de sus requerimientos nutricionales es rentable porque el pasto es menos costoso que la compra de heno o granos suplementarios.

Un factor esencial en la alimentación y la dieta es la regularidad y la consistencia. Las proporciones diarias sugeridas para la alimentación son 1 libra de suplementos (grano), 5 libras de pasto y heno, más algunos minerales traza libres.

Cosas para evitar alimentar a sus llamas

1. Cantaridina (Veneno de escarabajo ampolla)

La cantaridina es una sustancia terpenoide tóxica secretada por los escarabajos ampolla y puede dañar o matar a su rebaño, y con solo una pequeña cantidad ingerida, su animal estará en peligro. Las llamas pueden ingerir cantaridina en el heno de alfalfa infestado por escarabajos ampolla.

Por lo tanto, inspeccione el heno de alfalfa a fondo antes de alimentarlas. Cuando el heno de alfalfa tiene una sustancia de aspecto aceitoso, es probable que los escarabajos ampolla lo hayan infestado. No les dé ese heno.

Las llamas que han comido una gran cantidad de esta toxina mostrarán signos de shock, y, por desgracia, mueren en cuestión de horas. Los síntomas de intoxicación por cantaridina son depresión, temperatura elevada, diarrea, micción frecuente y aumento del pulso.

Si cree que han comido cantaridina, contacte con el veterinario inmediatamente. Si se le da el antídoto al animal inmediatamente, tal vez sobreviva. Sin embargo, si el animal ha comido una gran cantidad, puede que no sobreviva.

2. Alimentos con alto contenido de cobre

Un alto contenido de cobre puede ser dañino para su llama, y algunos estudios muestran que los alimentos con alto contenido de cobre pueden causar abortos espontáneos. Los alimentos como los minerales para vacas, para cerdos o la comida de los pollos pueden provocar toxicidad por el cobre. Cuando su animal tiene toxicidad por cobre, tendrá orina de color cobre y un olor dulce.

3. Demasiados granos

No debe darles demasiados granos, ya que puede provocar una sobrecarga o envenenamiento de los mismos. Esto resulta porque los carbohidratos se fermentan en el estómago del animal en vez de ser digeridos. Se produce ácido láctico, que causa deshidratación y ralentización del intestino —a veces la muerte.

La cebada y el trigo son las mayores causas de la sobrecarga de granos, junto con el exceso de avena y altramuces. Además, un cambio repentino de la dieta de la llama a los granos puede causar la sobrecarga de los mismos; por lo tanto, la regularidad y la consistencia son esenciales para su nutrición y alimentación.

4. Alimentos con un alto nivel de contenido proteínico

El alto contenido de proteínas en su dieta puede provocar complicaciones, principalmente la adición de grasa a las almohadillas mamarias y la obesidad. Además, las crías que ingieren demasiadas proteínas ganan peso excesivo rápidamente, lo que es perjudicial para su salud. En las hembras reproductoras la obesidad puede sumarse al estrés por calor, a la falta de producción de leche y a la distocia, que se define como "parto difícil".

5. Alimento dulce

Evite darles alimentos dulces, ya que las altas cantidades de azúcar y almidón pueden causar trastornos digestivos como la acidosis y la hinchazón.

Capítulo 7: Salud y prevención de enfermedades de las llamas

Dato corto - *Una llama es un animal resistente y puede desplazarse fácilmente en ambientes difíciles. Son de firme pisada y pueden atravesar terrenos difíciles a grandes altitudes. Sin embargo, aunque son grandes animales de carga, conocen sus límites. Trate de poner demasiado peso en una llama y simplemente se negará a moverse o acostarse.*

Tan resistentes como son, las llamas y las alpacas se enferman y sus enfermedades pueden ser difíciles de detectar. Mientras que algunas condiciones son fáciles de reconocer, muchas otras no son detectables hasta que están gravemente enfermas. A menudo, un animal enfermo se comporta como uno sano.

A diferencia de usted, su llama o alpaca no puede hablar. Incluso si tienen dolor, no pueden comunicarle su disgusto con palabras. Para identificar los cambios en su comportamiento normal, debe ser observador y entender el comportamiento normal del animal para que pueda detectar cualquier cosa fuera de lo común.

En este capítulo, examinaremos las enfermedades que afectan a las lamas y las alpacas. También veremos las formas de evitar que se enfermen.

Enfermedades peligrosas que afectan a las llamas y las alpacas

Probablemente ha oído hablar de enfermedades transmisibles y no transmisibles, y vamos a examinar brevemente ambas.

Pero primero, ¿qué causa las enfermedades? Muchas cosas pueden hacer que un animal se enferme. Los animales están compuestos por sistemas químicos y biológicos, y en un animal sano hay un equilibrio entre estos sistemas. Un animal se enferma cuando se altera este delicado equilibrio. En otros casos, la causa de la enfermedad es genética.

Pero las enfermedades pueden ser causadas por la ingesta de químicos (o drogas) que actúan como un agente tóxico para inclinar el delicado equilibrio de la salud.

En las causas genéticas y químicas, la enfermedad no es transmisible, lo que significa que no puede ser transferida a otro animal.

Otras veces, el cuerpo del animal es invadido por un virus, un parásito, un hongo o una bacteria; seres vivos que se alimentan de su animal y alteran el equilibrio interno. Estos pueden vivir en el interior o el exterior del cuerpo; de cualquier manera, pueden causar serios problemas.

Estos invasores vivos a menudo se multiplican en su huésped y liberan secreciones nocivas, y a veces los animales enfermos pueden transmitir estos organismos vivos a otros animales. Estas enfermedades se llaman enfermedades infecciosas transmisibles.

Las siguientes son enfermedades que afectan a las llamas y las alpacas.

Anemia

La anemia hace que la piel se vuelva pálida y se puede ver fácilmente revisando el párpado inferior del animal para ver de qué color es la membrana.

Debería ser de color rosa brillante en un animal sano, mientras que los párpados de los animales anémicos serán casi blancos. Su pelaje se verá opaco o desgastado, estará cansado y débil y puede tener poco apetito.

La anemia es más un síntoma que una enfermedad. Ocurre cuando hay una reducción en el número de glóbulos rojos que puede ocurrir debido a una severa infestación parasitaria en la piel del animal, incluyendo pulgas, piojos, garrapatas y otros parásitos similares. Los parásitos internos, como los gusanos, también pueden causar anemia.

Además, la anemia puede ser causada por una pérdida grave de sangre a causa de una lesión, un parto o por alimentar a las llamas con una dieta deficiente, específicamente una dieta que carezca de las cantidades mínimas de cobre que necesitan.

El tratamiento de la anemia puede ser fácil, dependiendo de la causa y la gravedad de la enfermedad. En las primeras etapas, considere la posibilidad de cambiar su dieta a una rica en proteínas, que ayude a reconstruir los glóbulos rojos. También deles suplementos de hierro, vitaminas, minerales y probióticos.

En casos severos, el animal puede necesitar una transfusión de sangre y si no se trata, la anemia puede llevar a la muerte. En cualquier caso, si nota alguno de estos signos, póngase en contacto con su veterinario inmediatamente.

Mandíbula de botella

Esto es causado por un caso severo de anemia, evidenciado por una pronunciada hinchazón en la mandíbula inferior. El gusano polo barbero es una de las causas más comunes de la mandíbula de botella. Esta condición mortal requiere atención veterinaria inmediata cuando se notan los síntomas.

Anaplasmosis

Esta enfermedad se produce cuando los glóbulos rojos de su llama o alpaca se infectan. La enfermedad es rara, no es contagiosa y es transmitida por insectos, como garrapatas y moscas, que depositan un parásito en la sangre del animal.

Dado que esta enfermedad es una infección de la sangre, el primer signo a tener en cuenta es la anemia. El animal parecerá débil y pálido, y su animal tendrá fiebre. Las membranas mucosas de la nariz y la boca también se volverán amarillas.

A medida que la infección se agrava, el animal rechazará su comida y, junto con la deshidratación, notará una gran pérdida de peso.

La anaplasmosis es una enfermedad peligrosa en llamas y alpacas. Aunque hay tratamientos para la enfermedad, debilita al animal, dejándolo con un sistema inmunológico defectuoso y una resistencia débil. Si nota alguno de los signos anteriores, contacte con su veterinario inmediatamente.

Polo barbero

El gusano polo barbero es uno de los gusanos más espantosos que puede afectar a la llama o la alpaca. El gusano se queda en su estómago, perforando las paredes del estómago y succionando la sangre.

El proceso de succión de la sangre lleva rápidamente a la anemia y puede ser peligroso. Los signos de la enfermedad en la etapa inicial son ojos pálidos, pérdida de peso y cansancio.

Posteriormente, notará la mandíbula de botella (un área de edema bajo la barbilla), o el animal puede colapsar. Si se diagnostica a tiempo, el gusano polo barbero puede ser tratado por veterinarios. Como consejo preventivo, asegúrese de desparasitar a sus animales regularmente.

Coccidiosis

La coccidiosis es causada por un parásito microscópico llamado Coccidia. Este parásito vive en las células del animal, causando daños en el intestino delgado.

Las llamas y alpacas más jóvenes tienen un mayor riesgo de infección; sin embargo, las llamas y alpacas adultas pueden infectarse, pero ganan inmunidad a las infecciones.

Esta enfermedad es común en los animales que se mantienen en condiciones no sanitarias. El estrés y el hacinamiento también pueden hacer que los animales sean vulnerables. Es muy contagiosa, por lo que los animales infectados deben ser aislados del ganado.

Al comienzo de la enfermedad, notará una diarrea llena de moco. Si no se atiende, las heces se vuelven sanguinolentas, lo que puede llevar a la deshidratación, pérdida de peso, anemia y retraso en el crecimiento.

Si bien la condición es tratable, la prevención suele ser lo mejor. Siempre se puede prevenir la enfermedad manteniendo limpio el entorno del animal y no alojando a demasiados juntos.

También puedes llevar muestras fecales a una clínica veterinaria para comprobar si hay parásitos peligrosos.

Podredumbre del pie

La podredumbre es una enfermedad común del ganado, no solo en llamas y alpacas. Es una infección bacteriana que afecta a sus patas.

La principal causa de esta enfermedad es la deficiencia de zinc, pero también puede ocurrir cuando el animal se mantiene en condiciones húmedas y fangosas durante demasiado tiempo.

Comienza con una hinchazón entre los dedos de las patas del animal, y se pueden ver bultos en las almohadillas de sus patas. Es probable que caminen cojeando porque la hinchazón suele ser dolorosa.

Cuando la condición se deja sin atención, sus patas se descomponen gradualmente, produciendo líquidos cremosos con un olor fétido, lo que conduce a daños en los nervios y los tejidos de la pata afectado.

Se puede tratar la podredumbre del pie en la etapa inicial, limpiando el área afectada y removiendo las partes podridas. Una vez que la zona esté completamente limpia, aplique yodo y antibióticos.

Afortunadamente, la infección en llamas y alpacas no es tan grave como en ovejas y cabras, ya que tienen dedos en lugar de pezuñas. Sin embargo, hay que tener cuidado porque es contagiosa, especialmente en los primeros siete días.

Si detecta los signos anteriores, póngase en contacto con su veterinario.

Enfermedad del músculo blanco

Esta enfermedad es común en las ovejas, llamas y alpacas, y se produce cuando consumen una dieta pobre en vitamina E, selenio o ambos.

La enfermedad puede afectar a los músculos del animal, a los músculos del corazón o a ambos.

Cuando afecta a los músculos del corazón, notará que el animal lucha por respirar y podrá ver sangre o mucosidad filtrándose por la nariz.

Si afecta a sus músculos, se verán arqueados y su espalda parecerá rígida y encorvada. La enfermedad deja a los animales con un sistema inmunológico debilitado.

Tanto la deficiencia de vitamina E como la de selenio son comunes en los animales que pastan. La deficiencia de vitamina E se desarrolla cuando el animal ingiere hierba baja en vitamina E, mientras que la deficiencia de selenio se produce cuando el animal se alimenta de un suelo que carece de este mineral.

Aunque es fácil tratar una deficiencia, la enfermedad del músculo blanco debe ser tratada por un veterinario. Si usted sospecha una deficiencia en sus animales, deles suplementos, pero si sospecha una enfermedad de músculos blancos, hable con su veterinario.

Urolitiasis

Todos hemos oído hablar de los cálculos renales; algunos hemos tenido la mala suerte de tenerlos. Las llamas y las alpacas también pueden tener estos bloqueos en la vía urinaria, generalmente cuando hay un desequilibrio de fósforo y calcio en su dieta. Estos minerales formarán entonces cristales sólidos que bloquearán el camino de la orina.

La enfermedad es común en los machos, especialmente cuando se alimentan con una dieta rica en granos. También puede ocurrir cuando consumen demasiada alfalfa.

Los animales con esta enfermedad son fáciles de detectar, ya que no orinan con frecuencia. Cuando orinan, parece que están en apuros, y a veces la orina sale en forma de goteo en lugar de un flujo fuerte. También es posible que el animal no quiera caminar o que camine con rigidez o se quede de pie con las patas traseras estiradas.

La condición es grave, ya que puede morir en unas pocas horas. Si nota estos signos, llame al veterinario inmediatamente.

Generalmente, los cálculos renales se presentan más a menudo en las ovejas que en las llamas y las alpacas. En la misma línea, ocurre más en los machos de llamas y alpacas que en las hembras.

En general, se puede prevenir la enfermedad dejando que los animales pastoreen por su cuenta para que puedan seleccionar alimentos saludables. Alternativamente, puede alimentarlos con productos de forraje.

Hay que tener cuidado al dar a las llamas alimentos concentrados —alimentos ricos en proteínas y carbohidratos como granos, legumbres, etc.—, ya que esto puede inclinar rápidamente el balance de minerales en su cuerpo.

Artritis

¡Sí, ha leído correctamente! También pueden tener artritis, y aunque muchas cosas pueden causar esto, la causa fundamental es el envejecimiento. Otras causas de la artritis en las llamas incluyen la desnutrición, la infección, el confinamiento y las lesiones.

Al igual que en los humanos, la artritis en llamas y alpacas no es una enfermedad transmisible. Los animales con artritis tendrán un movimiento limitado debido al dolor, y es posible que los note acostados con frecuencia. También pueden perder peso, desarrollar articulaciones hinchadas y abrigos sin brillo.

El tratamiento de la artritis se hace generalmente tratando la causa de fondo. Por lo tanto, si usted sospecha que su animal tiene esta enfermedad, debe buscar el consejo de un veterinario.

Ojo Rosado

Hay dos tipos de enfermedad de ojo rosado en las alpacas y las llamas: la infecciosa y la no infecciosa. El tipo infeccioso es causado por virus o bacterias y se transmite entre animales a través de insectos voladores.

El tipo no infeccioso suele ser el resultado de la deficiencia de vitamina A, picaduras de insectos, arañazos o toxinas.

Dependiendo de la causa, el ojo rosado puede ser un problema grave. El tipo infeccioso aparece inicialmente como ojos rojos e hinchados con secreción y, luego, notará que la cubierta transparente de los ojos se vuelve gruesa y visible. Si no se trata a tiempo, el animal puede quedar ciego y, en peores casos, la infección puede extenderse al cerebro del animal, provocando su muerte.

En el momento en que se detecta un ojo rosado en cualquiera de los animales, separe a los animales inmediatamente, protegiendo a la llama enferma y previniendo la propagación de la infección al resto del ganado.

El tipo no infeccioso puede ser tratado fácilmente con pomadas para los ojos. Sin embargo, para estar seguros, consulte a un veterinario para un chequeo adecuado para determinar la causa.

Boca dolorida

Esta enfermedad es causada por un virus estrechamente relacionado con la varicela. Al igual que en la varicela humana, esta enfermedad es contagiosa en las llamas y las alpacas. La enfermedad suele penetrar en la piel a través de cortes en la misma.

Las llamas jóvenes pueden entrar en contacto con la enfermedad mientras sus madres las están amamantando y es peligroso para los animales más jóvenes; no solo les transmitirá la enfermedad, sino que podrán no alimentarse adecuadamente.

La enfermedad normalmente sigue su curso en 3 o 4 semanas. Durante este período, se desarrollarán ampollas alrededor de las partes menos peludas del cuerpo del animal, como los labios y el interior de la boca. Con el tiempo, estas pequeñas ampollas se hacen más grandes y se convierten en costras.

Cuando detecte estos signos, separe a los animales enfermos de los sanos. El veterinario le recetará pomadas que podrá aplicar en las partes afectadas. Tómese su tiempo y limpie todos los lugares donde el animal ha estado antes de separarlo y trate las llagas, para que no se infecten con bacterias.

Al igual que en los humanos, un sobreviviente se vuelve inmune a la enfermedad. Si bien esto es una buena noticia, requiere precaución. Los supervivientes, aunque sean inmunes, pueden seguir portando la enfermedad y transferirla a otros animales.

No se conoce una cura para esta infección. El animal es controlado mientras la enfermedad sigue su curso.

Prácticas de cuidado de la salud para la prevención de enfermedades en llamas y alpacas

Su salud no es negociable; dependen de usted para que les ayudes a mantenerse sanos y salvos.

Cuatro factores contribuyen a la enfermedad en cualquier animal: la falta de inmunidad, los organismos causantes de la enfermedad, el medio ambiente y el estrés.

Un animal cuya inmunidad no esté comprometida es poco probable que se enferme, o al menos no seriamente. Lo mismo se aplica a los animales que no entran en contacto con un organismo causante de enfermedades, pero el entorno adecuado los protegerá y reducirá el riesgo de enfermedad.

El estrés se refiere a las condiciones que pueden hacer que un animal esté predispuesto a la enfermedad. Entre ellas se incluyen las lesiones, la malnutrición, el uso inapropiado de medicamentos, etc.

Para que un animal se mantenga sano, todos estos factores deben ser controlados. Aquí hay algunos consejos para ayudarle a hacerlo:

1. Entienda a su animal

Primero debes entender qué es un comportamiento normal para poder detectar un comportamiento anormal. Note que sus animales son individuos únicos y se comportarán de manera diferente. Por ejemplo, las alpacas son animales tímidos y pueden no ser tan activas como las llamas. Por lo tanto, sería un error juzgar a ambos animales en la misma escala de actividad.

Incluso entre las alpacas, usted tendrá algunos animales amistosos y otros que no se mezclan tan bien. La idea es que entienda a cada uno de ellos observando y aprendiendo su comportamiento habitual.

Todas las mañanas, antes de alimentar a las llamas, revíselas, buscando animales que no respondan bien. Mientras se alimentan, busquen a los que no quieren comer o parecen estar menos interesados en comer, y comprueben si hay animales que se aíslan del ganado.

Los animales con salivación excesiva, secreción de la nariz, heces con sangre, diarrea u ojos llorosos requieren atención inmediata. Si ve animales enfermos, retírelos del ganado inmediatamente para evitar la propagación de cualquier enfermedad potencial.

2. Restrinja el contacto humano

Los humanos son uno de los mayores portadores de enfermedades animales. Si usted es dueño de una granja de llamas o alpacas, siempre restrinja la frecuencia con la que la gente accede a sus tierras y a sus animales de granja, incluyendo al veterinario.

Si es necesario que tenga visitantes, encuentre un sistema para desinfectarlos antes de que entren a su granja. Puede hacer uso de baños de agua y un fuerte desinfectante colocado en la entrada de su propiedad y tener listo un desinfectante para lavarse las manos también.

Si tiene un animal enfermo, llévelo al veterinario o haga que este visite sus instalaciones lo antes posible; asegúrese de que vea al animal por separado del resto del ganado.

3. La alimentación adecuada es importante

Las llamas necesitan comer bien, no solo la cantidad adecuada de comida, sino también la calidad adecuada de la misma.

La mejor manera de alimentar a las llamas y alpacas es dejarlas pastar y seleccionar su propia comida. Cuando eso es imposible, debe proporcionarles comida de la más alta calidad, equilibrada y que contenga todos los nutrientes esenciales. Debe estar limpia y presentada en recipientes limpios, y sus llamas y alpacas también deben tener acceso a agua limpia en todo momento.

4. Vacunas y otros medicamentos

Asegúrese de que sus animales reciban todas las vacunas necesarias y manténgase en contacto con su veterinario para asegurarse de que los refuerzos o las vacunas anuales se administren en el momento adecuado.

Tan crucial como las vacunas son, la desparasitación regular es también muy importante. Hable con su veterinario para acordar un programa de desparasitación.

Además, dele a sus animales multivitaminas que fortalezcan su sistema inmunológico, los mantengan activos y reduzcan el estrés.

5. Mantenga un ambiente ideal

El ambiente ideal para sus llamas y alpacas es limpio, sin aglomeraciones, y mantenido a una temperatura confortable. Esto eliminará o al menos reducirá significativamente el riesgo de organismos potencialmente peligrosos causantes de enfermedades.

No debe tener más de siete alpacas o cuatro llamas en un acre de tierra, y necesitará un granero o cobertizo para asegurarse de que puedan escapar de las inclemencias del tiempo. Por último, las llamas deben ser esquiladas en el momento adecuado para asegurar que no se sobrecalienten o sufran del frío.

Capítulo 8: Reproducción de llamas y parto de crías

Dato corto - *Las llamas bebé se llaman crías, una palabra española que se traduce como "bebé". Las llamas hembras suelen tener solo una cría a la vez; los gemelos son posibles, pero muy raros. El embarazo de una llama dura alrededor de 350 días y una cría pesará entre 20 y 30 libras cuando nazca.*

Sistema reproductivo de la llama/alpaca

Las especies de llamas y alpacas de hoy en día son originarias de América del Sur y comparten una ascendencia salvaje común. Sus sistemas reproductivos son similares, pero distintos.

Hembra

El ovario de la hembra de llama o alpaca no es tan diferente al de una yegua, pero se parece a una vaca. En relación con el tamaño del cuerpo, el tracto reproductivo es pequeño cuando la llama o la alpaca no está preñada.

El óvulo es pequeño y no puede ser detectado claramente por los instrumentos de ultrasonido, al menos no los que tenemos hoy en día. Sin embargo, se pueden detectar los antra folículos, que son pequeños, midiendo alrededor de 1 a 2 mm de diámetro. También hay varios folículos llenos de líquido.

Entre 10 y 12 meses después del nacimiento, las actividades ováricas comenzarán en la llama o la alpaca. Los folículos ováricos asumen una disposición de corteza periférica, y cualquier área en la superficie del ovario puede acomodar la ovulación. El cuerpo lúteo (CL) y los grandes folículos de las llamas y las alpacas son visibles y palpables. El cuerpo lúteo es un conjunto de células que se forman en el ovario de la llama y es lo que produce la hormona progesterona en las primeras etapas del embarazo.

Macho

En relación con el tamaño de su cuerpo, la llama y la alpaca tienen testículos relativamente pequeños. Los testículos de la llama suelen medir al menos 3 x 6 cm al nacer, mientras que los de la alpaca suelen medir al menos 2 x 4 cm. Los testículos suelen estar cerca del cuerpo del animal y el prepucio (vaina) se adhiere al pene en los machos jóvenes, no desprendiéndose hasta alrededor de 2 a 3 años de edad. Un prepucio no estimulado que no es estimulado es usualmente dirigido cautelosamente hacia la parte posterior de la cola, lo que explica por qué parecen orinar hacia atrás. En comparación con otras especies de ganado, los testículos de llama y alpaca son pequeños.

El pene apunta hacia adelante. El prepucio está unido al pene. Cuando el animal alcanza de 1,5 a 2, o incluso 3, años de edad, el pene se desprende.

No todos los animales alcanzarán la madurez sexual al mismo tiempo. La mayoría de los machos se reproducen entre los 18 y 24 meses de edad, mientras que algunos pueden alcanzar la plena madurez sexual cuando llegan a los 30 meses. Generalmente, una llama puede alcanzar la madurez sexual y ser fértil antes que la alpaca.

Los músculos prepuciales craneales, laterales y caudales de la vaina ayudan a la erección. También tienen un papel que desempeñar cuando el animal muestra comportamientos de apareamiento.

Las llamas y las alpacas suelen tener una baja cantidad de semen, lo que hace muy difícil su evaluación. Este es un problema común en la familia de los camélidos.

Las eyaculaciones de los machos fértiles son inconsistentes. Algunas personas recurren a entrenar a sus animales para que se monten en un maniquí, preparándolo con una vagina artificial para dar al macho la sensación de estar escalando a una hembra real.

Normalmente, sedan a los animales, y pueden introducir la electro-eyaculación, aunque esto no siempre es eficiente. Otra opción es recoger el semen de la vagina de la hembra después del apareamiento.

Reproducción de la llama/alpaca

La reproducción en llamas y alpacas comienza en la pubertad. La hembra de llama y alpaca alcanza la madurez sexual entre los 10 y 18 meses de edad y puede comenzar a reproducirse. Sin embargo, siguiendo el consejo de los veterinarios, algunas personas no dejan que sus llamas y alpacas hembras se reproduzcan hasta que pesen hasta 90 kg (200 libras) para las llamas y 40 kg (90 libras) para las alpacas.

Alternativamente, pueden reproducirse cuando pesan dos tercios de su peso corporal maduro. Esta precaución se toma debido al tamaño relativamente pequeño de la hembra de alpaca y llama, y también ayuda a evitar los desafíos asociados a la cría temprana, como la distocia.

Cuando comienza la pubertad, el animal experimenta ondas foliculares, desarrollando un folículo en el intervalo de 12 a 14 días. El macho de llama y alpaca se reproduce entre los 18 y 24 meses de edad, y para entonces, el pene ya no está unido a la vaina y los testículos habrán crecido significativamente.

La ovulación en la hembra de llama y alpaca ocurre cuando se ha apareado porque son ovuladores inducidos. Antes de que pueda ocurrir el apareamiento, la hembra receptiva asumirá una posición que permita al macho acceder a ella y, mientras el macho la monta, comenzará a "orquestar", el sonido que hacen durante el apareamiento. La creencia común es que este sonido ayudará a la hembra a ovular.

La eyaculación dura entre 5 y 45 minutos, aunque el promedio es de unos 20 minutos, acumulando un volumen relativamente pequeño de 2 a 5 ml. Después del apareamiento durante 24 a 30 horas, el semen todavía puede inducir una ovulación refleja.

Una llama o alpaca preñada no será receptiva y rechazará los avances del macho. Después de 2 a 3 días de ovulación, habrá un CL (cuerpo lúteo). Entonces, unos siete días después del apareamiento, el ovocito fertilizado estará presente en el útero.

Habrá una implantación a los 30 días del período de gestación. Un embrión hiperecóico estará allí para mostrar que la llama está preñada a los 21 días de gestación, y a los 45 días del período de gestación —tal vez un poco más— se puede realizar la palpación rectal para saber si la llama está preñada. En el caso de las alpacas, será difícil dado su tamaño, pero si la persona tiene manos relativamente pequeñas, la palpación puede ser posible. Sin embargo, es mejor dejarlo en manos de un médico veterinario.

El período de gestación de las llamas es de 345 a 350 días. Normalmente las madres dan a luz a una cría, aunque a veces dan a luz a gemelos, pero esto es raro.

Problemas reproductivos y gestión

Al igual que otros animales, las llamas y las alpacas se enfrentan a algunos desafíos con sus sistemas reproductivos. En los machos, estos problemas pueden incluir:

- **Hinchazón escrotal aguda**

Este problema puede ser causado por estrés por calor, infección, trauma, etc. También puede haber hinchazón de pene por lesiones en el pene y urolitiasis.

Los síntomas de la hinchazón del pene pueden obstruir el libre flujo de la orina. Dependiendo de la extensión de la hinchazón y de la lesión, se puede recomendar una cirugía, un lavado y una cistotomía.

Si la opción es la cirugía, usted tiene un papel importante que desempeñar después. El animal necesitará cuidados adicionales para recuperarse completamente, mientras que se deben proporcionar terapias y medicamentos.

- **Estrés por calor**

Este problema afecta al pene de la llama o la alpaca y los animales que sufren una lesión en el pene pueden presentar hidrocele (hinchazón del escroto) y experimentar un edema escrotal.

El efecto del estrés por calor puede hacer que el animal no se interese en montar a la hembra. Pueden experimentar una reducción de la fertilidad, que dura hasta dos meses o más, incluso años y, a veces, el animal puede quedar permanentemente infértil.

Cuando el caso es severo, el animal puede deprimirse y tener una debilidad muscular mientras que otros síntomas son el exceso de salivación, la deshidratación, etc.

Hay varias maneras de protegerlos contra el estrés por calor; la más obvia es proporcionándoles sombra. Los animales no deben estar al sol durante largos períodos de tiempo, y si un macho ha estado expuesto al sol durante un período prolongado, debe ser enfriado inmediatamente, hasta que recupere la temperatura corporal normal.

Cuando el animal esté deshidratado, se le debería rehidratar. No le permita tragar grandes cantidades de agua, ya que esto puede provocar problemas como un nivel de sodio diluido en la sangre que puede causar debilidad e incluso convulsiones en el peor de los casos. También se recomienda el esquilado. Si la condición es severa. Lleve al animal a la clínica veterinaria para que reciba los cuidados adecuados, y cuando sea necesario, el veterinario puede tener que administrarle la medicación. En momentos como este, no debe someter al animal a un transporte largo y duro. Esta situación puede requerir una visita a domicilio del veterinario.

- **Hipoplasia testicular**

Otro problema reproductivo que pueden tener las llamas y alpacas macho es la hipoplasia testicular, causada por un puente en el desarrollo sexual del animal. Esto hace que el tamaño de los testículos sea desproporcionado al tamaño de su cuerpo. Los testículos no se desarrollan como deberían y se vuelven más pequeños de lo que deberían ser para la edad del animal.

A veces, esta situación puede ser causada por una mala nutrición, como la deficiencia de zinc. También puede ser un efecto de las anomalías citogenéticas y endocrinas o puede ocurrir cuando las células germinales son insuficientes.

La hipoplasia de los testículos es el resultado de una esclerosis progresiva irregular y de la degeneración. Por lo general, se hace notoriamente evidente después de la pubertad, pero cuando ambos testículos son de igual tamaño, es difícil de reconocer.

Si uno de los testículos es más pequeño que el otro, se llama *hipoplasia unilateral*. Será fácil de detectar porque se pueden comparar los testículos contralaterales.

Si la situación no es complicada, el animal puede tener una morfología espermática baja. Sin embargo, en casos extremos, puede ser aspérmico.

Hay medidas preventivas que puede adoptar para evitar esta situación. Tenga cuidado de no permitir la reproducción entre los animales afectados porque si la causa es genética, puede ser transferida a la cría.

La castración es otra opción de tratamiento viable. Además, puede que quiera sacrificar al animal por su valor como carcasa.

Las hembras de llamas son más propensas a tener problemas porque su sistema reproductivo es más complejo que el de los machos. Algunos de los problemas más comunes son:

• Distocia

Un desafío que las llamas y las alpacas pueden tener durante el parto es la distocia (dificultad para dar a luz).

La distocia puede ocurrir debido a varios factores.

Si la madre tiene distocia, habrá signos. Por lo general, con el parto, debe estar atento. Cualquier ligera inconsistencia debe ser revisada. Si hay un retraso en cualquier etapa, preocúpese.

Puede que no todo esté bien si la madre permanece en la primera etapa del parto más de lo que se espera razonablemente. Si pasa hasta cuatro horas o más en la primera etapa, puede haber un problema. Además, si el feto es visible, pero la madre no lo ha dado a luz hasta 30 minutos o más, definitivamente hay un problema.

• Torsión uterina

La torsión uterina es otro problema que puede causar un parto difícil. Esta situación es cuando el útero se tuerce; el parto puede no progresar de la primera etapa a la segunda. Esta condición ocurre típicamente en el último mes del embarazo cuando la madre está exhausta.

En la segunda etapa del parto, puede haber un retraso si el feto asume la posición incorrecta. También puede ocurrir si el canal de parto no es lo suficientemente patente (suficientemente abierto) para permitir el paso del feto. A veces, el feto es más grande que el canal de nacimiento. Este problema es una de las razones por las que algunas personas no cruzan la llama y la alpaca. Las llamas suelen ser más grandes que las alpacas. Cuando hay mestizaje, el feto puede ser demasiado grande para que la alpaca dé a luz.

Las situaciones en las que el feto asume una posición incorrecta son comunes entre los camélidos. Este problema debe ser corregido antes del parto y puede ser arreglado manual o espontáneamente. Sin esta corrección, la madre puede no tener un nacimiento normal.

Usted sabrá si la madre tiene torsión uterina cuando muestre síntomas como depresión y cólicos (dolor abdominal). Usted sabrá si la madre tiene cólicos si patea hacia su abdomen.

Un veterinario debe revisar la llama o la alpaca para saber cuán torcido está el útero. Anotará la dirección en la que está torcido y lo resolverá. La resolución puede implicar medicar a la madre para calmarla y que el proceso tenga éxito.

La madre asume una posición de decúbito lateral. La madre se mantendrá en su lugar y el proceso se llevará a cabo. El útero y el feto se mantendrán en una posición estática. Puede hacerse con las manos o colocando una tabla en el abdomen de la madre. Después de esto, la madre será rotada en la dirección opuesta a la que el útero está torcido; este proceso puede repetirse dependiendo de cuán torcido esté el útero.

Si este procedimiento se hace hasta tres veces, y la situación no se resuelve, la madre debe ser operada.

Parto de cría

El parto de cría es el nacimiento de un recién nacido.

Signos de parto

Los signos de parto pueden comenzar antes en algunas madres que en otras. Por lo tanto, monitorice la llama o la alpaca cuando se encuentren a unos 330 días de gestación. En esta etapa, revise a menudo, cada pocas horas, lo que le permite saber cuándo se acerca el parto.

Las llamas y las alpacas no necesariamente experimentan el parto de la misma manera, pero algunos signos son comunes entre ellas. Estos signos son:

• Ubre más llena

La ubre de la llama o la alpaca se llenará más a medida que se acerque el día del parto. Dos o tres semanas antes del nacimiento, la leche comenzará a fluir. Y 3 ó 4 días antes del parto, los pezones tendrán un signo revelador de estar cerosos.

• Tamaño de la vulva

Unos días antes del parto, la vulva aumentará de tamaño, se hinchará y se hará más pronunciada.

• Inquietud

Un signo común de trabajo entre la mayoría de los animales, incluyendo llamas y alpacas, es la inquietud. La madre puede moverse, desplazarse o zumbar, puede rodar, acostarse y levantarse de nuevo, y así sucesivamente. A veces, perderá el apetito y se negará a comer, pero en su lugar masticará su bolo alimenticio.

• Comportamiento inusual

Cuando el parto esté cerca, la llama o la alpaca mostrarán comportamientos inusuales. Cualquier cosa que la madre no haga antes del embarazo, puede hacerla ahora. Si nota algún comportamiento fuera de lo común, es probable que sea una señal de parto.

Etapas del trabajo de parto

Antes del nacimiento, la llama entrará en trabajo de parto. Hay tres etapas de trabajo de parto.

- **Etapa 1**

Durante este período, el animal orinará con frecuencia. Se separará del ganado, haciendo un zumbido continuo. Estos comportamientos persistirán durante la primera etapa del parto.

En esta etapa, el útero se contrae y el cuello del útero se dilata. El cuello del útero asume el mismo ancho que la vagina, y el feto se mueve hacia la entrada de la pelvis. Esta etapa puede durar de 1 a 6 horas.

- **Etapa 2**

Esta etapa comienza desde la ruptura de la membrana hasta el nacimiento de la cría. Lleva 30 minutos o más. Puede ver a la hembra acostada y de pie continuamente, el abdomen está tenso, y la bolsa de agua o el saco amniótico puede ser visible en la vulva; incluso puede ver la ruptura. La hembra obviamente tendrá contracciones y serán muy frecuentes. Si la ve descansando entre contracciones y piensa que las cosas van demasiado despacio, no se asuste en esta etapa —se está cansando por las contracciones y quiere descansar.

- **Etapa 3**

Esta etapa dura cuatro horas o más, hasta seis, y es la etapa en la que se pasa la placenta. A diferencia de muchas otras especies, la madre no ingiere la placenta y normalmente tampoco lamerá las crías recién nacidas. Examine la placenta y asegúrese de que está intacta, llena de líquido y sin desgarros. Deshágase de ella con cuidado, usando guantes (NO use las manos desnudas), ya que puede atraer a depredadores cercanos.

Estas etapas del parto suelen durar más tiempo en los primeros partos.

Cuándo obtener ayuda veterinaria

Llame a la asistencia veterinaria cuando:

- La etapa 1 pasa de las 5 horas y no hay signos de contracciones.

- La etapa 2 pasa de los 30 minutos y el nacimiento no muestra signos de progresión.

- Etapa 3 - si la placenta no ha sido expulsada dentro de las 8 horas después del nacimiento o, si la madre da a luz por la noche, a la mañana siguiente.

Parto de la cría

El parto de cría ocurre en la segunda etapa del parto, y la placenta le sigue en unas pocas horas. Antes de que el parto comience, consiga un kit de parto, que debe incluir:

1. Linterna o antorcha

Si la llama o la alpaca da a luz a última hora del día, lo cual es inusual, ya que la mayoría da a luz entre las 8 de la mañana y el mediodía, puede que necesite luz para ver lo que está pasando y tendrá que anotar la hora del parto.

2. Toallas

Cubra el lecho con toallas limpias durante el parto, y cuando llegue la nueva cría, necesitará las toallas para secarla y limpiar los fluidos del parto.

3. Tijeras e hilo dental

Necesitará esto para cortar y atar el cordón umbilical.

4. Yodo y botella

Esto se usa para sumergir el extremo del cordón umbilical. Utilice un frasco de pastillas vacío y una tintura de yodo al 7%.

5. Lavado quirúrgico con povidona y lubricación estéril

Lo necesitará para esterilizar sus manos y los suministros para el parto, especialmente si necesita ayudar al veterinario.

6. Termómetro rectal

Se utiliza para comprobar la temperatura del crío recién nacido, especialmente si parece estar letárgico o débil.

7. Lubricación estéril

Por si necesita ayudar a la llama con el nacimiento.

8. Biberón y tetina

Si la cría no puede amamantar inmediatamente, usted tendrá que alimentarla.

9. Suplemento

Si la cría no puede amamantarse inmediatamente después del nacimiento, se debe administrar un suplemento de calostro multiespecies, esto es crítico.

10. Sustituto de leche

Si la cría no pueden amamantar correctamente, se debe suministrar un sustituto de leche multiespecies —elija uno con un mínimo de 24% de proteína.

11. Electrolitos

Se utiliza para rehidratar a la madre y revertir el efecto de la pérdida de líquido en la cría después del parto.

12. Bolsas desechables

Se utilizan para deshacerse de la placenta, de las toallas sucias y de otras cosas que hay que tirar.

Las crías de llama recién nacidas pesan entre 20 y 30 libras al nacer, y suelen ser más grandes que las crías de alpaca, que típicamente pesan entre 15 y 20 libras al nacer.

Cómo cuidar a una cría recién nacida

El cuidado de su cría recién nacida comienza antes de que la cría nazca. El período de espera de su cría de recién nacida está lleno de varias emociones, ¡por lo que necesita todos los consejos que pueda obtener!

Naturalmente, algunas cosas irán como deben ir. Sin embargo, usted tiene un papel que desempeñar. Saber qué hacer y cómo hacerlo le ayudará a manejar mejor cualquier situación que pueda surgir. Algunas formas en las que puede cuidar mejor a la cría recién nacida incluyen:

- **Prepararse para un parto sin complicaciones**

Si el nacimiento no es suave, la cría recién nacida puede no ir bien. Antes de la fecha prevista para el parto, asegúrese de que la llama o la alpaca tengan un lugar limpio y apropiado para dar a luz. Una zona de hierba nivelada estará bien con buen tiempo, pero el lugar debe ser seguro. No debe haber objetos punzantes o innecesarios que desordenen la zona.

Si el clima no es favorable, la llama o la alpaca debe dar a luz en un establo limpio y bien ventilado y tener un lecho cómodo.

Prepare el equipo de parto y téngalo disponible para cuando lo necesite. Asegúrese de que contenga todos los artículos mencionados anteriormente.

- **Inmediatamente después del nacimiento**

Cuando nazca la cría, comprueba que esté sana. La madre debe estar en un ambiente limpio y cálido, si el tiempo lo permite.

Asegúrese de que la cría está respirando correctamente. A veces, la cría tiene dificultades para respirar porque la nariz o la boca están bloqueadas, así que asegúrese de limpiar todo el líquido de parto de su cara, prestando especial atención a los ojos, la nariz y la boca.

Comprueba si la temperatura de la cría está bien —debe ser de 35 C o 95º F. Si es menor, la cría está demasiado fría y debe calentarse.

Una hora después del nacimiento, la cría debe ser capaz de mantenerse en pie. Dos horas después del nacimiento, debería ser capaz de amamantar, pero si esto no ocurre, puede ayudarla.

Si lo intenta, pero no pasa nada, póngase en contacto con el médico veterinario.

• **Atención médica**

Aunque la atención médica de la cría comienza antes del nacimiento, es necesaria durante y después del nacimiento.

Los chequeos médicos de rutina tanto para la madre como para la cría son necesarios. A las crías nacidas entre octubre y marzo se les debe dar un suplemento de vitamina D, ya que es poco probable que estén a la luz del sol para recibirla de forma natural.

Vacune a las cría del tétanos y el clostridium tipo C y D, y vacúnelas contra las enfermedades que son propensas a contraer. Tendrá que comprobar con su veterinario qué enfermedades son comunes en su región.

Su veterinario puede guiarle contra las prácticas dañinas y aconsejarle sobre los pasos correctos a seguir para cuidar a su nuevo miembro del ganado.

No se asuste cuando tenga una llama preñada; con la preparación adecuada, puede ayudar a su llama durante el embarazo y el proceso de parto.

Los primeros días - La alimentación

El tiempo más crítico para su cría recién nacida son las primeras 18 a 24 horas. Debería verla comenzar a amamantar dentro de las dos horas siguientes al nacimiento. Esto le proporcionará toda la nutrición que necesita, pero si la madre muere, está mal, o tiene otros problemas para amamantar a sus crías, debe tener biberones con tetinas de repuesto y nutrición a mano.

Una madre con buena salud producirá calostro, una leche amarillenta y espesa que da un impulso inicial al sistema inmunológico de la cría y le proporciona los anticuerpos que no le han sido transmitidos durante el embarazo. El cuerpo de la cría tiene un diseño único; sus intestinos pueden absorber estos anticuerpos en su torrente sanguíneo, pero esto solo puede suceder durante las primeras 12 a 18 horas después del nacimiento. Esto le da a su cría el mejor comienzo en una vida saludable porque esos anticuerpos son específicos para los alrededores de su llama y su ganado.

Si su cría no se amamanta en un par de horas o le preocupa que no se amamante lo suficiente, puede darle un suplemento de calostro, pero debe hacerlo rápidamente. Alimente el suplemento cada 3 ó 4 horas usando un biberón y continúe hasta 48 horas después del nacimiento —siga las instrucciones del envase cuidadosamente.

Después de las primeras 48 horas, si su cría aún no se amamanta correctamente, cambie el suplemento de calostro por un sustituto de leche. Asegúrese de que tenga al menos un 24% de proteínas. Esto asegurará que siga recibiendo la nutrición adecuada para crecer y desarrollarse apropiadamente. . Trate de no manipular demasiado las crías mientras se alimenta —esto minimizará el potencial de problemas de comportamiento.

El proceso del nacimiento expone a la cría a muchos microorganismos y patógenos que pueden llevar a problemas digestivos, lo que puede conducir a la diarrea y la deshidratación. Ya sea que la madre esté alimentando a sus crías o usted lo haga, debe suplementarse con electrolitos. Asegúrese de suministrar los electrolitos en una alimentación separada de los productos lácteos.

Capítulo 9: Entrenamiento de la llama

Dato corto - *Las llamas son uno de los animales más inteligentes y fáciles de entrenar, pero se requiere paciencia. Se han utilizado durante mucho tiempo para la vigilancia de otros animales, como rebaños de ovejas y a veces ganados de alpacas y requieren poco entrenamiento para ser eficaces en la vigilancia de una zona o de otros animales.*

El entrenamiento de gatos y perros es relativamente fácil y algunos de nosotros lo hemos hecho a menudo. Los entrenamos eficientemente para que hagan lo básico, las cosas que queremos o necesitamos que hagan, y les impedimos hacer cosas que no queremos que hagan.

Pocos dueños de llamas y alpacas conocen la posibilidad de entrenar a sus mascotas. Muchos dueños preguntan si es posible entrenar a sus llamas por sí mismos. La respuesta simple a esto es sí. Usted es capaz de enseñar a una si tiene mucho tiempo libre y paciencia. Tendrá que aprender el lenguaje corporal de las llamas y las alpacas, entender el comportamiento normal y anormal y luego seguir los consejos y trucos de abajo para entrenarlas.

Tenga en cuenta que si usted es el tipo de persona que se pone nerviosa con los animales, puede que le resulte difícil entrenarlos usted mismo, y el entrenamiento de "hazlo tú mismo" definitivamente no es para personas con poca paciencia.

Si se siente frustrado por el comportamiento agresivo o lento de los animales, no debería intentar entrenarlos usted mismo. Aunque se puede entrenar a las llamas o las alpacas, solo un tipo particular de temperamento puede hacerlo con éxito; de lo contrario, puede hacer más daño al animal que bien.

Muchos criadores de llamas tratan de entrenar a sus criaturas incorrectamente y luego se enojan con las llamas cuando no funciona. En lugar de cambiar su enfoque de entrenamiento, siguen intentando las mismas cosas repetidamente. Al final, se rinden y concluyen que es imposible.

La mayoría de los criadores de llamas creen que es imposible entrenar llamas por sí mismos, son aquellos que lo han intentado y han fracasado. Lo importante que hay que recordar cuando se entrena una llama es que cuando no funciona, se debe detener. Por favor, considere lo que está haciendo mal. No es culpa de la llama o de la alpaca. Y al igual que cuando se entrena a un perro, nunca se debe terminar una sesión con una nota baja —el animal recordará y asociará el entrenamiento como desagradable y será aún menos cooperativo.

Necesitará entender cómo reeducar a estas llamas. Esencialmente, debe aprender a entrenar una llama perdida. La llama ha identificado a los humanos con el sufrimiento y el dolor, y para volver a encarrilarla requiere de una reeducación. Por eso es mejor que no intente entrenarlas antes de aprender a hacerlo correctamente.

Este capítulo le llevará a través de los conocimientos básicos sobre el entrenamiento de las llamas.

Así que, empecemos.

Lo que debería enseñar a sus llamas o alpacas

Mucha gente cree que los perros aprenden rápido, y probablemente son los que aprenden más rápido de todas las mascotas. Pero, cuando se compara a las llamas con los perros, puede interesarle saber que las llamas aprenden más rápido que los perros que caminan sin correa. Su enfoque debe ser hacer que caminen a su lado sin una correa.

Hay tres categorías de entrenamiento de llamas. Usted decide el nivel al que quiere llevar a sus llamas o alpacas; en este sentido, su decisión depende de la razón por la que mantiene su rebaño.

Si su objetivo para mantener un ganado de llamas es simplemente para la lana de llama, entonces solo tendrá que enseñarles lo básico para hacer el proceso de esquila fácil. Si su llama será un animal de carga y tiene que seguirle a las montañas, debe llevar a cabo lecciones orientadas a llevar una carga.

También puede entrenarlas para que tiren carros, obedezcan órdenes como sentarse o levantarse, y mucho más. Usted decide lo que quiere que sepan y los entrena en consecuencia.

Veamos los niveles de entrenamiento de las llamas y las lecciones de cada grupo.

- **Escuela Básica**

En este nivel, les enseña lo que constituye un "comportamiento socialmente aceptable".

Por ejemplo, la ley exige que cualquier llama que no esté en su propiedad se mantenga bajo control físico mediante una correa y un cabestro. Esta ley implica que usted debe entrenar a cada llama a estar lo suficientemente dispuesta a tomar un cabestro. Cada llama o alpaca también debe entender el concepto básico de conducir. Este es un entrenamiento no negociable que cada llama debe tener.

Sus necesidades físicas exigen que las cepille, les corte las uñas e inspeccione su cuerpo para detectar cualquier condición médica. La implicación es que debe entrenarlas para que estén lo suficientemente calmadas para que usted pueda llevar a cabo estas actividades. Deben saber y estar dispuestas a pararse cuando están atadas, quedarse quietas sin restricciones y levantar las patas cuando se les pida.

Estos son los requisitos esenciales para cualquier entrenamiento con llamas o alpacas. Sin embargo, también pueden llevar la práctica a un nivel más avanzado, que explicamos a continuación.

- **Escuela primaria**

En este nivel, se les entrena en habilidades específicas que les hacen una compañía agradable. Llevarlas a las clases de la escuela primaria no solo es agradable para las llamas, sino también para usted, como manipulador.

Las llamas y las alpacas disfrutan de caminatas regulares, así que hay que entrenarlas para evitar traumas y problemas durante estas excursiones periódicas. Cada llama debe entender conceptos de orientación simples, como el protocolo adecuado para atravesar las puertas. Debe ser capaz de seguir por detrás en un sendero estrecho y entender cómo responder en el tráfico.

No solo eso, sino que también debe entrenar a cada llama o alpaca en el cruce de vehículos y puentes peatonales. Incluso deben saber cómo sortear el barro, árboles cerrados, arbustos, aguas poco profundas y saltar sobre barreras bajas como troncos que caen, y obstáculos hechos por el hombre como rampas y escalones.

Por último, cuando se necesita cargarlas en un vehículo, puede ser un juego desafiante si no se las entrena para ello de antemano. Por lo tanto, debe prepararlas sobre cómo cargarlas en los vehículos con facilidad.

También deben ser entrenadas sobre cómo viajar bien en el sentido de que sepan aprovechar las "paradas de descanso" periódicas. Tal entrenamiento evita que ensucien sus alojamientos de viaje.

Este nivel tiene como objetivo entrenarlos para que caminen sobre una pista suelta y confíen en las señales visuales y verbales.

- **Escuela ocupacional**

Este nivel es para aquellos dispuestos a hacer de su llama una compañera de trabajo agradable. Será mejor si usted tiene más que el conocimiento básico del entrenamiento de la llama para que trabajen para usted. Ninguna llama se entregará de forma natural o voluntaria para el entrenamiento primario o elemental.

Sin embargo, las llamas de rendimiento se ganan su sustento haciendo lo siguiente: cargando, conduciendo y mostrando.

La carga se refiere al uso de las llamas para cargar y descargar. Tales llamas deben ser entrenadas para pararse desatadas en cualquier lugar, llevar y maniobrar cargas alrededor de objetos u obstáculos, haciéndolo solas por medio de cuerdas o dirección verbal.

¿Sabía que las llamas y las alpacas pueden ser entrenadas para tirar un carro? Eso es lo que significa conducir. Requiere el uso de distintos modos de andar y comandos verbales como correr, caminar, trotar y comandos de conducción en tierra como iniciar, girar y detenerse. Por lo tanto, se debe entrenar a la llama sobre estas cosas y cómo aceptar diferentes tipos de vehículos tirados por llamas, conduciendo por caminos, retrocediendo en espacios estrechos, etc.

Bajo este nivel de entrenamiento se está alojando a las llamas como mascotas. Una llama como mascota debe ser entrenada para sortear todo tipo de estructuras internas, obstáculos y restricciones tales como las que se encuentran fácilmente en el piso, en los pasillos, ascensores, etc. Debe saber cómo bajar la cabeza para tener un acceso más fácil y ser "a prueba de sustos".

- **Escuela secundaria**

El aprendizaje en esta etapa es el pico del entrenamiento de las llamas y aquí es donde se entrenan las llamas para el espectáculo. Si desea que su llama participe en un nivel competitivo, tendrá que prepararla para superar varios obstáculos definidos por el reglamento de las asociaciones de espectáculos.

Instalaciones de entrenamiento y seguridad

Es vital considerar dónde va a entrenar a sus llamas. El mejor lugar para hacerlo es en un corral de caza, ya que entrará de buena gana y podrá mantenerse a salvo y segura.

Si usted está tratando con más de una llama y planea entrenarlas a todas, no puede enseñarles juntas. Necesitará un área pequeña para una llama individual cuando empiece a entrenar a las principiantes. El espacio de entrenamiento no debe ser demasiado grande, pero lo suficientemente grande para atrapar la llama y moverla a través del espacio de forma segura.

Además, planee tener un sistema de doble puerta que le permita maniobrar la llama individual dentro del corral y asegurar la puerta. No solo eso, sino que el sistema también ayuda a crear un pequeño corral de forma triangular con un espacio más pequeño. Este diseño le permite permanecer fuera del corral, pero aun así manejar la llama si es necesario.

Mantenga todas las correas y cabestros a su alcance. De esta manera, puede acceder a lo que necesita para esa sesión con facilidad sin necesidad de dejar la llama que está entrenando. Las llamas también se acostumbrarán a ver las correas y los cabestros cuando entren en el establo.

Equipo de entrenamiento

Aunque se necesita poco equipo para que pasen la escuela primaria, hay que asegurarse de tener el equipo correcto a mano para la sesión de entrenamiento.

Es mejor tener un cabestro que encaje y una buena cuerda que sirva de guía. Otros artículos incluyen un palo para ayudar a guiar a la llama a donde quiere que vaya, una bolsa para llevar una pequeña porción de alimento de recompensa, etc.

Es útil tener estos artículos a mano, pero no son esenciales. Podría gastar una fortuna en ellos si quisiera. Sin embargo, si tiene que pagar por un palo, tendrá los mismos resultados usando un tubo de PVC o una caña de bambú puro, y puede usar una bolsa barata hecha por sí mismo para guardar el alimento.

Solo debe saber que lo que más importa es la calidad del entrenamiento, no cuánto gasta en equipo.

Seguridad del entrenador y de las llamas

Más importante que el entrenamiento es la seguridad tanto de la llama como de usted. Al preparar las instalaciones y el equipo para el entrenamiento, asegúrese de que no haya bordes afilados con los cuales usted o las llamas puedan resultar heridos y que no haya objetos alrededor del campo de entrenamiento en los cuales usted o la llama puedan enredarse.

Una llama saludable es un animal poderoso que da una rápida y dolorosa patada de lado. Por lo tanto, recuerde que siempre que esté en el corral, no se quede en una posición comprometedora donde pueda ser pateado.

Recuerde que cada vez que ocurra una patada, lo más probable es que sea su culpa y no la de la llama. Una llama reaccionará naturalmente cuando la toque en un lugar incómodo o inesperado. Por lo tanto, si tiene la mala suerte de que le pateen, observe dónde la tocó y aprenda de la experiencia.

Las llamas y las alpacas son buenas saltadoras, especialmente cuando se asustan. Esté alerta y no pierda la concentración cuando esté cerca de ellas. Cada vez que una llama salte del corral, no hay que preocuparse; tráigala de vuelta, cálmela y empiece de nuevo. Aun así, evalúe lo que hizo para que la llama se asuste y salte.

Lazo de confianza

Todo animal tiene el instinto de auto preservación. Mientras que un perro morderá para defenderse y un gato usará sus garras, una llama huirá como una forma de protección.

Las llamas y las alpacas harán todo lo posible para protegerse del peligro; por lo tanto, el espacio es su amigo. También harán cualquier cosa para proteger su área. Su lenguaje corporal suele transmitir el mensaje, "Este es mi espacio, y no te quiero aquí. Si intentas entrar en mi espacio, te escupiré o saldré corriendo".

Puede usar este conocimiento para su ventaja como entrenador; para ganar la confianza de una llama lo suficiente como para permitirle entrar a su espacio, debe ser meticuloso. Empiece por ir al corral los primeros días para alimentarla, cambiarle el agua y limpiar su entorno. No le prestes atención y no intente acorralarla.

La idea es que la llama sepa que usted no es una amenaza. De esa manera puede estar cómoda con usted alrededor.

El siguiente paso es hablar con la llama y acercarse a ella lentamente. Si se acerca y la llama quiere huir, no la detenga. Deje que se mueva. Después de unos días, puede llevar un tubo de PVC o un palo al corral. Úselo para frotar su espalda suavemente. La llama probablemente se moverá; déjala correr, pero mantenga el contacto con el palo y tenga cuidado de no acorralarla.

Continúe haciendo esto hasta que ya no necesite usar el palo para tocar su espalda. Con el tiempo, descubrirá que la vara no es una amenaza. Cuando eso suceda, puede acercarse y tocar su espalda con sus manos.

Emprenda el proceso con cuidado. Recuerde, usted leyó antes que "una llama reaccionará naturalmente cuando la toque en un lugar incómodo o inesperado". Por lo tanto, toque desde el hombro, trabaje hasta su cuello, alrededor de su cabeza y bajo su vientre.

Háblale a su llama en voz baja mientras la toca. Si se queda quieta mientras está de pie, salga del corral. No salga hasta que esté de pie en silencio, lo que significa que tal vez tenga que retroceder e ignorarla hasta que la llama se sienta cómoda. Continúe hasta que le permita tocar todo el cuerpo, incluyendo la cabeza. Luego preséntele un cabestro.

Frote el cuello de la llama y alrededor de su cabeza, luego póngale suavemente el cabestro. Quítelo y póngalo de nuevo. Repita varias veces hasta que determine que la llama está cómoda con el proceso.

No cometa el error de comenzar el entrenamiento con el cabestro la primera vez que se lo ponga a la llama. Si lo hace, hará que la llama piense que el cabestro es un freno y lo contará como un enemigo. Su objetivo debe ser hacer del entrenamiento algo divertido para que la llama salga a pasear con ella puesta.

Consejos para entrenar llamas con éxito

Las cosas que ha estado leyendo pueden parecer fáciles de hacer, pero eso es solo si lo hace de la manera correcta. Aquí se presentan los consejos que necesita para entrenar a sus llamas o alpacas usted mismo, con éxito:

- Tenga paciencia y no se precipite en el entrenamiento

Esta es la regla de oro para entrenar a cualquier llama o alpaca. Puede caer fácilmente en la tentación de apresurar las cosas cuando empieza a progresar, pero eso es un gran error.

También, sepa que las llamas tienen diferentes personalidades. Cuando entrena a más de una llama, algunas aprenderán rápido, mientras que otras serán lentas para aprender; tenga un poco de paciencia con las más lentas.

- La repetición es la clave

Cualquier llama se resistirá naturalmente al entrenamiento, y no lo conseguirá al primer intento. Es su deber como entrenador hacer que la llama se sienta cómoda haciendo lo que quiera o necesite que haga.

Ya sea vacilando, guiando, cepillando, desensibilizando, colocando una carga, caminando, etc., no se sentirán cómodas en el primer intento. Debe repetir el proceso hasta que las llamas estén contentas con eso.

Otras cosas a considerar incluyen:

- Mantener la sesión corta y simple
- Dedicar la cantidad de tiempo adecuada
- Nunca se enfade delante de su llama o alpaca
- Reconocer el fracaso y saber cuándo retirarse
- Recompensar a las llamas cuando logre progresos

Todos estos constituyen los atributos de un buen entrenador de llamas o alpacas. Si las ha entrenado usted mismo, entonces debe aprender a poner en práctica estos atributos.

Una de las razones por las que debe entrenarlas es porque una llama entrenada le hará ganar más en el mercado. ¿Quiere ganar dinero con la crianza de llamas? Revise el siguiente capítulo sobre consejos para manejar un negocio de llamas.

Capítulo 10: 10 consejos para su negocio de llamas o alpacas

Empezar un negocio puede ser difícil para cualquier empresario, pero no debería serlo para usted. Si sigue este viaje paso a paso, puede empezar su negocio de llamas o alpacas rápidamente. E incluso para criarlos por diversión, puede aprender una o dos cosas.

10 consejos para iniciar un negocio de alpacas y llamas

Estos consejos le ayudarán a establecer un negocio sin estrés y a disfrutar rápidamente de los dividendos.

1. Aprenda sobre las alpacas y las llamas

Como en cualquier nueva aventura de negocios, hay que investigar mucho para no tener problemas en ningún momento del viaje.

Durante su investigación, decida criar alpacas, llamas, o ambas. Le ayudará a aprender sobre sus diferencias, patrones de alimentación, cuándo y cómo esquilarlas, la mejor ubicación para su granja, etc.

¡Hay tantos errores que pueden evitarse si hace sus deberes!

2. Obtenga consejos de un mentor o de la competencia

Un mentor tiene experiencia en la crianza de llamas y le mostrará lo que ha aprendido. Él o ella ya están en el negocio de las llamas y puede servirle de guía. Y si sus granjas están lo suficientemente separadas, no lo verán como una amenaza para su negocio.

Un mentor puede ser de inmenso apoyo, especialmente en las primeras etapas del negocio. Le dirá qué hacer y qué cosas evitar y son las personas a las que siempre puede acudir si se encuentra con un problema.

La competencia es alguien que puede no querer que usted esté dentro. Han estado en el negocio más tiempo que usted, tienen experiencia e incluso pueden estar ubicados cerca de usted.

Por mucho que no le guste, le ayudará aprender sobre la competencia —cuáles son sus fortalezas y debilidades, los servicios que ofrecen, lo que los hace únicos, etc.

Aproveche sus debilidades y proporcione ese servicio.

Por ejemplo, si su competencia no ofrece lavado y secado de fibra, incluya eso en los servicios que usted ofrece.

3. Licencia y registro

Antes de iniciar cualquier negocio, debe registrarlo con las autoridades correspondientes; normalmente hay uno donde vive o cerca. Asegúrese de que entiende los términos y condiciones. Es muy recomendable obtener una membresía en la AOA (Asociación de Propietarios de Alpacas).

También puede requerir un plan de negocios (o propuesta) que muestre sus planes actuales y a largo plazo.

Es esencial hablar con un consultor de negocios o de impuestos para que le guíe a través del proceso. Si planea vender el vellón de los animales, necesitará una licencia del estado.

4. Financiación

La financiación es crucial para la supervivencia de cualquier emprendimiento. En la etapa inicial, se incurre en muchos costos: comprar el terreno, cercarlo, conseguir suministros, ver un veterinario, obtener la licencia y el registro, etc., y la falta de fondos puede retrasar el proceso.

También se necesita dinero para pagar el trabajo manual en la granja.

Se puede solicitar un préstamo al banco si sus fondos personales no son suficientes. Hay subvenciones del gobierno que atienden las necesidades de los criadores de alpacas.

5. Obtenga la propiedad

Si ya tiene la tierra, salte este paso. Sin embargo, debe asegurarse de que la tierra sea apta para que pasten las alpacas y las llamas. Si no es así, considere la posibilidad de expandir o comprar un terreno más grande. Las alpacas y las llamas son animales sociales y aman la compañía.

Para criar 6-7 alpacas se necesita alrededor de un acre de tierra. La tierra debe estar llena de abundante y saludable pasto para el pastoreo.

6. Compruebe que la ubicación sea segura

La ubicación de la granja debe estar a salvo de animales salvajes, parásitos y pastos venenosos.

Construya una cerca alrededor de la granja para asegurarse de que las llamas no se alejen. También debe comprobar que el pasto sea el adecuado para que los animales se alimenten.

Algunas plantas son tóxicas para las alpacas, como la adelfa, el tabaco, la amapola y el alforfón. Deshágase de ellas en su granja.

7. Construya un refugio

Aunque los animales permanecerán al aire libre durante la mayor parte del día, todavía se necesita un establo para mantenerlos seguros durante las condiciones extremas.

Un establo puede ser una estructura simple, no necesita ser elaborada. Sin embargo, debe ser capaz de servir como un cortavientos y mantener a los animales seguros.

8. Consiga otras herramientas y equipos

Además de un establo, necesitará otro equipo en su granja. Estos incluyen herramientas y suministros necesarios para el trabajo práctico, incluyendo guantes, botas, elevadores de heno, equipo de corte de uñas y dientes, y herramientas de esquilado.

Es crucial esquilar a los animales una vez al año. Si los animales no son esquilados a tiempo, la fibra puede enredarse demasiado y ser difícil de quitar.

Si no quiere esquilarlos usted mismo, siempre puede pagar a alguien para que lo haga por usted.

9. Emplee los servicios de un veterinario

Necesitará los servicios de un veterinario experimentado para ayudarle a atender los desafíos de salud de los animales. A medida que pase el tiempo, usted podría ser capaz de manejar los problemas de salud y el cuidado de rutina por sí mismo bajo la orientación de un veterinario.

El asesino número uno de las alpacas son los parásitos. Debe asegurarse de que sean examinadas y desparasitadas regularmente.

10. Tome precauciones para la alimentación

Las alpacas necesitan una dieta altamente nutritiva; deben ser alimentadas con una saludable dieta verde. Si necesita comprar heno, debe ser fresco.

El heno viejo, polvoriento o mohoso no será la elección correcta para sus animales, aunque sea la opción más barata. También provea suplementos minerales además de su heno.

Otras habilidades de gestión necesarias para los negocios

Si se ha metido en el negocio de las llamas y las alpacas, ha tomado una decisión inteligente. Varias personas están prosperando en el negocio, pero este éxito no es sin planificación y organización.

Si quiere que su negocio sea lucrativo, debe tomar medidas estratégicas para asegurarse de que su progreso sea exitoso. En esta sección, le presentaremos algunos consejos que debe conocer. Si establece un presupuesto adecuado y utiliza las habilidades de gestión adecuadas, tendrá éxito en este negocio especializado.

Consejos de presupuesto y gestión

Hay dinero involucrado en todos los negocios —inclusive con las llamas y alpacas. Con el presupuesto adecuado y la guía de gestión, usted está listo para empezar. Le hemos explicado algunas áreas que debe comprobar.

Su presupuesto es la cantidad de capital que ha previsto para gastar en su negocio, al menos como un inicio. Aborde el presupuesto desde la perspectiva de los costos de la puesta en marcha: considere el tamaño de su empresa y cuánto dinero se requerirá para que funcione.

En primer lugar, considere cuánto dinero puede permitirse poner en el negocio y asegúrese de que su presupuesto cubre todas las áreas, incluyendo las siguientes:

- Inicio del negocio

Aquí, debe considerar cuánto dinero le costará comprar el primer juego de llamas y alpacas.

¿Cuántas llamas y alpacas está comprando para empezar? Tenga en cuenta que el número de animales que tiene determina cuántas crías nacerán. También determinará la cantidad de vellón.

Cuando planifique su presupuesto, asigne una cantidad decente para las necesidades. Mientras no intente ir más allá de lo que puede permitirse, consiga el número de animales que mejor satisfaga las necesidades de su negocio.

El número de llamas y alpacas que tiene determina el tamaño de su rancho o granja. Considere la cantidad de heno que necesita comprar si no planea dedicarse al pastoreo al aire libre. Estos artículos requieren espacio y dinero.

- Ubicación

También considere la mejor ubicación para sus llamas y alpacas. Gastará una cantidad de dinero en su rancho o granja, y su estructura y organización determinará lo bien que puede dirigir el lugar. El movimiento y la organización de los animales es una consideración importante.

Los factores esenciales a considerar involucran el número de animales que usted pretende tener. ¿Tiene suficiente tierra de pastoreo o pretende alimentar a sus animales con heno diariamente?

¿Cuál será el estilo y la construcción de su granja? ¿Desea cercarla permanentemente o crear demarcaciones removibles? Recuerde, debe tener secciones para el parto de las crías. ¿O planea usar una parte de su granero?

Si tiene un presupuesto sólido, tal vez quiera cavar un pozo o proporcionar un grifo en su ubicación. Si no, es prudente considerar la proximidad a la fuente de agua al crear su granja.

Si planea complementar su alimentación con pellets o granos, necesita espacio para mantener grandes recipientes de almacenamiento. En el diseño de la gestión de su granja, dele a este factor una amplia consideración.

Debe esquilarlos anualmente. ¿Propone hacerlo en su granja o en otro lugar? Si es en su granja, haga espacio para ello.

El procesamiento del vellón es otra área que influirá en su elección de ubicación. ¿Planea procesar el vellón usted mismo? Si es así, ¿tiene suficiente espacio para acomodar los procesos? Sepa que debe lavar, secar, teñir y empaquetar todo.

Puede que necesite realizar otras actividades dependiendo de lo que quiera, así que asegúrese de tener suficiente espacio para lo que necesite.

Puede que decida no procesar la fibra usted mismo, así que su presupuesto debe cubrir el costo del procesamiento. Recuerde que es un gasto que debe hacer cada vez que las esquile, mayormente anualmente.

La cantidad que asigna a la ubicación depende de las respuestas a estas preguntas; tenga cuidado de considerar cada área cuidadosamente.

- **Alimentación**

Este factor es crucial cuando se hace un presupuesto para su negocio. ¿Cómo planea alimentar a su ganado? Podría proporcionarles heno todos los días. Si este es su plan, ¿ha incluido el gasto adicional en su presupuesto?

Un plan viable es encontrar una forma de conseguirlo a un costo relativamente menor; ¿hay una cooperativa cerca? ¿Podría intercambiar algunos de sus servicios a cambio?

Otra opción es tener una zona de pastoreo. Si usted provee de pasto, entonces debería tener un plan tangible sobre cómo manejar las áreas en términos de irrigación, deshierbe, fertilización, etc.

Aparte de los pastos y el heno, necesitarán suplementos. Estos son esenciales para mantener sus cualidades minerales y vitamínicas en equilibrio. Alimente a sus animales con pellets o granos.

¿Cuál es su plan en este sentido? Algunas personas compran en bolsas y las reponen según la necesidad, mientras que otras lo compran a granel porque es más barato. Ahorra tiempo en ir a comprar a menudo y algo de dinero.

La compra a granel plantea la cuestión del almacenamiento. Se necesitarán grandes contenedores para almacenar el alimento, y su presupuesto debe acomodar este gasto.

Su ganado también beberá agua. ¿Puede ir a buscar agua diariamente? Si no, ¿tendrá un pozo o un grifo cerca?

• **Electricidad**

Debe tener electricidad en su granja. Con el cambio de clima, necesitará calentar el granero de las llamas cuando haga frío (piensa en el invierno). Si el clima es cálido y necesitan mantenerse frescas, necesitarán un ventilador para hacer el trabajo.

Su fuente de agua también podría usar electricidad. Durante el invierno, y si tiene aguas congeladas, su tanque de agua debe mantenerse fluyendo.

Si una madre da a luz a una cría y su temperatura exige ayuda, la electricidad será vital entonces.

• **Estiércol**

La gestión del estiércol es una esfera importante que hay que tener en cuenta. Producirán estiércol todos los días y sus áreas de vivienda deben mantenerse limpias. Es vital tener un plan tangible sobre cómo sacar los residuos.

• **Remolque y equipo**

La gestión eficaz de su explotación depende de la disponibilidad del equipo esencial. Su presupuesto debe cubrir las herramientas y el equipo vital que necesita para llevar su negocio con éxito. Equipos como esparcidores de estiércol, elevadores, UTVs, tractores, etc. son cruciales.

También necesita un remolque para facilitar el transporte y un vehículo para llevarlas a los controles veterinarios.

Cuando vaya a un espectáculo y juegos de la AOA, necesitará un vehículo para su remolque. La distancia que recorra y el número de animales que transporte a la vez determinará el tamaño del vehículo.

- **Seguro**

Considere la posibilidad de asegurar su granja y sus animales contra la responsabilidad civil. Puede asegurar sus llamas y alpacas contra la mortalidad y el robo, y, en promedio, el costo del seguro se valora en un 4,25% del valor de la llama.

- **Misceláneos**

Debe haber presupuesto para cualquier gasto imprevisto que pueda surgir, en particular las emergencias.

En general, necesita un plan de negocios para asegurar el éxito de su empresa y un buen plan ayudará a su presupuesto.

Cómo redactar su plan de negocios

La gestión comienza con un plan de negocios y para llegar a él se requiere una excelente capacidad de gestión. Este es un plano de su negocio y, si bien se necesitará pensar un poco para llegar a uno, le guiará en los pasos correctos a seguir y en lo que debe hacer.

Sin un plan de negocios, hay mayores posibilidades de fracasar en los negocios. Una planificación adecuada le asegurará que tome las decisiones correctas y evite errores. Un plan de negocios es esencial para un novato e incluso para hombres y mujeres de negocios experimentados.

Un plan de negocios le ayudará a determinar el capital que pone en el negocio, y también le ayudará a estructurar su presupuesto adecuadamente para acomodar las necesidades.

Hay elementos esenciales para un plan de negocios:

1. Análisis/Descripción

Debe analizar su negocio y lo que implica. Muestra lo que usted hace, lo que trae a la mesa, y su mercado objetivo, además es un indicador de sus futuras actividades.

2. Declaración de la misión

Usted declara por qué tiene una granja y a dónde va con ella. Su declaración de misión detalla sus objetivos futuros y dónde pretende estar en, digamos, 5 ó 10 años.

3. Competencia

Su competencia son los agricultores del mismo negocio que usted, incluyendo las granjas locales y nacionales. Si conoce a su competencia y cómo operan en el mercado, puede hacer movimientos estratégicos para impulsar su marca y sobresalir.

4. Oportunidades y amenazas del mercado

Debe saber cómo funciona el mercado y lo que está pasando en un momento dado. La información es la clave para aprovechar las oportunidades. Saber lo que otros están haciendo y cómo hacerlo mejor.

Las amenazas del mercado son factores que pueden obstaculizar su negocio. Estos factores incluyen su entorno, la economía, los recursos, las autoridades, los competidores, etc., y saber qué puede suponer una amenaza y cómo afrontarla será de gran ayuda.

5. Fuentes de ingresos y objetivos

Indique los canales y estrategias para obtener sus ingresos. Puede ganar a través de la venta de llamas y alpacas, deportes, eventos, venta y procesamiento de fibras, y otras actividades secundarias.

Sus metas de ingresos se refieren a la cantidad que usted prevé ganar con su negocio de llamas y alpacas y puede establecer planes semanales, mensuales y anuales. Haciendo esto, usted se mantendrá enfocado en sus prioridades y en la estrategia de cómo dar en el blanco.

6. Gastos

Debería tener una idea de los gastos de su negocio. Los gastos cruciales incluyen el costo de iniciar y mantener su granja. También se deben contabilizar los chequeos médicos rutinarios y eventuales, y las actividades de la granja como la esquila y el procesamiento.

7. Mercadeo y Publicidad

Esta sección incluye cómo prevé promover sus ventas. Podría recurrir a los medios tradicionales de publicidad, como anuncios en periódicos, revistas y otros impresos, y también puedes usar la radio y la televisión.

En el mundo de hoy, casi todo está en línea, y usted debería tener un sitio web para su negocio para asegurarse de que sea visible para el mundo. Si tiene su mercado objetivo fuera de su localidad, entonces haga que su sitio web lo abarque todo.

Utilice varios idiomas y ofrezca traducción a diferentes idiomas. Las plataformas de redes sociales también son un medio viable de publicidad; Twitter, Facebook, Instagram y otros medios son plataformas populares para las empresas.

Una página de negocios en Facebook es otra forma de tener una oficina virtual. El boca a boca siempre ha sido una opción viable, y las empresas prosperan gracias a las referencias. Las recomendaciones son buenas para el conocimiento y el crecimiento de las empresas.

Explore los clubes, espectáculos y eventos que promueven las ventas de llamas y alpacas.

El precio de estas áreas difiere según la ubicación geográfica. Su gusto también determina cuánto gasta; si quiere una construcción de primera categoría esté listo para gastar mucho, o considere una estructura de menor precio, pero funcional.

8. Hitos

Estos son eventos significativos que impulsan su negocio, así que indique los que quiere lograr para impulsar su negocio rápidamente. Cualquier actividad orientada a la construcción de su negocio debe ser parte de su plan.

En esta sección, su plan debe cubrir actividades como la adquisición de ganados de llamas y alpacas, la construcción de un sitio web, la construcción de cercas, la construcción de graneros, etc.

Más consejos sobre la gestión

El éxito de un negocio depende de la gestión diaria. Con una gestión adecuada, su negocio cruzará fronteras. Las áreas a tener en cuenta son:

- **Contabilidad**

El departamento de contabilidad es vital para cualquier negocio y mantener los registros de ingresos y gastos es esencial. Estos le mostrarán si está ganando dinero o si está gastando más de lo necesario.

Como usted recién está empezando, necesita gastar menos y ahorrar más. Con el tiempo, puede contratar a un contador, pero mientras tanto, varias aplicaciones pueden ayudarle aquí. La mayoría de la gente usa WAVE accounting, QuickBooks, FreshBooks, o similares, pero de buena reputación.

- **Asociaciones**

Pertenecer a una asociación relevante es esencial para el crecimiento de los negocios. Es una oportunidad para establecer contactos y conocer gente del oficio, y también puede aprender de gente que ha estado en el negocio de las llamas y las alpacas durante algún tiempo.

Hay varias asociaciones a las que puede unirse, como la Asociación de Propietarios de Alpacas, Inc. (AOA). Obtenga la licencia e identifíquese con la asociación y observe las ordenanzas y regulaciones locales y nacionales sobre la propiedad de un negocio de llamas y alpacas.

- **Impuestos**

Tendrá que pagar impuestos y puede prepararlos usted mismo o tener a alguien que lo haga por usted, pero debe considerar el costo si elige lo último.

- **Trabajo/Ayuda**

Para el buen funcionamiento de su negocio, puede que tenga que contratar ayuda. Si no puede pagar el personal permanente en la etapa inicial del negocio, contrate ayuda temporal.

- **Marketing**

Difundir las noticias sobre su negocio y aumentar el tráfico es esencial para el crecimiento del negocio. Administre su sitio web y las redes sociales usted mismo o contrate a un vendedor o alguien que sea experto en redes sociales.

- **Reparaciones**

Tenga el dinero para reparar todos los equipos averiados, grifos y líneas de agua, vallas, etc. para llevar su negocio sin estrés.

Áreas en las que puede ganar dinero

Hay varias áreas en las que usted puede generar ingresos, incluyendo:

- **Ventas**

Lo primero que le viene a la mente al entrar en el negocio de las llamas y las alpacas es la perspectiva de venderlas por dinero. También puede entrar en la cría y vender las crías.

- Estiércol

Producirán estiércol todos los días. ¿Qué hará con él? Puede usarlo en su campo o pasto como fuentes prácticas de fertilizante o venderlo a otros agricultores.

Esta fuente es una doble ventaja para usted. Conseguirá ganar dinero manteniendo limpias las zonas de alojamiento de sus animales. Puede interesarle saber que el estiércol de llama es virtualmente inodoro y es comúnmente conocido como "granos de llama". Es uno de los mejores fertilizantes, completamente natural y ecológico. Históricamente, los incas peruanos quemaban el estiércol de llama seco como una forma de combustible.

- Fibra

Debe esquilarlas anualmente. No solo las beneficia en términos de salud, sino que también rinde dinero, y algunas personas prefieren comprar fibra cruda mientras que otras prefieren comprarla procesada.

Aunque usted puede elegir para procesar el vellón, tenga en cuenta que el lavado, el secado, el teñido, hasta el momento de la entrega, puede ser complicado y con cada etapa viene el compromiso financiero. Sin embargo, cada vez que invierte en el procesamiento del vellón le dará más beneficios.

El hilo producido por el procesamiento de la fibra de llama es ligero y suave. También es muy caliente, por lo que la capa interior más suave se utiliza para producir artesanías y prendas de vestir. La capa interna más gruesa se usa típicamente para hacer cuerdas y alfombras.

- Eventos y espectáculos

Usted puede ganar dinero con sus llamas y alpacas llevándolas a espectáculos de animales y eventos donde participan en deportes y trabajo.

Estrategias para prosperar en el negocio de las alpacas y las llamas

Hay estrategias que puede usar para sobresalir en su negocio, incluyendo:

- Obtener información

Haga preguntas a la gente sobre todo. Aprenda más además de lo que ya sabe porque nunca puede tener demasiada información. Siempre trate de entender por qué, cómo, qué y dónde.

- Tome notas y fotos

Puede que tenga un arreglo único en mente, pero puede aprender de los demás. Visite otras granjas y tome notas y fotografías. Añada ideas de otros negocios para crear un estilo único y completo.

- Trabaje en conformidad con sus autoridades locales

Consulte con las autoridades locales para saber qué está permitido y qué no. Si ha elegido un sitio para localizarlos, asegúrese de que está autorizado.

- Comentarios de los clientes

Fomente la retroalimentación de los clientes. Su negocio crecerá si complace al mercado y la satisfacción, la calidad y la consistencia son esenciales para el crecimiento del negocio.

Errores a evitar en los negocios

Cualquiera que sea nuevo en un negocio puede cometer errores. Por eso es necesario un guía. Si usted conoce los caminos a evitar, no tendrá que recorrerlos, al menos no conscientemente. Algunos errores a evitar son:

- **Compra insegura**

Hay mucha gente ahí fuera buscando vender sus animales. Siendo un novato en el negocio, puede que usted quiera aceptar la venta más barata que pueda encontrar, pero a veces estas compras pueden resultar no ser beneficiosas.

Es más seguro comprar sus animales en el mercado general. Si usted está comprando a un individuo, trate de escrutar el animal para descifrar su estado de salud. No compre animales que parezcan desnutridos y enfermos. Recurra a los servicios de un veterinario para estar seguro.

- **Negligencia del cuidado de la salud**

La madre naturaleza jugará un papel masivo en el nacimiento y crecimiento de sus crías. Sin embargo, no debe dejarlas completamente solas. Si no tiene el tiempo y la cantidad de compromiso necesarios para cuidarlas, entonces no tiene por qué ser su dueño. Es así de serio.

Consiga ayuda. Mucha gente que quiere empezar sus granjas se alegrará de obtener la experiencia mientras ganan dinero extra.

- **Ignorando a las autoridades**

Las ordenanzas de su ubicación le obligan, y debe cumplir con estas reglas. Si localiza su granja o tiene a sus animales pastando donde no están permitidos, usted está violando las reglas. Las consecuencias de esta acción pueden ser graves para su negocio.

No infrinja las reglas por error.

- **Ignorando las necesidades**

Cuando se trata de dinero, puede estar tentado de pasarlo por alto. Por favor, no lo haga. No olvide las necesidades como reparaciones, compras, reemplazos, etc.

Capítulo extra - Terminología de la Llama

Para tener éxito en su negocio de llamas o alpacas, hay varios términos que debe entender:

- **Alas** - usada para describir un movimiento defectuoso. Cuando se mueve una pata delantera hacia adelante, las patas delanteras se balancean y luego se alejan del cuerpo de la llama antes de ser colocadas de nuevo en el suelo. Típicamente, esto se ve en las llamas de rodillas y es peor en las que están severamente golpeadas.

- **Bajando** - cuando la hembra es receptiva al macho, ella caerá a una posición baja, conocida como "bajando" para el semental.

- **Calostro** - la primera leche que una llama hembra produce alrededor del momento del nacimiento, rica en anticuerpos que la cría necesita en las primeras 24 horas después del nacimiento.

- **Caminata** - una marcha de cuatro tiempos donde tres patas mantienen el contacto con el suelo en cualquier momento. Es la más lenta de todas las caminatas.

- **Cargador** - una llama que puede llevar grandes cargas para viajar a grandes distancias, por lo general con una cubierta de lana más ligera y más grande que una llama promedio.

- **Concentrados** - un alimento suplementario denso en energía y más bajo en fibra. Esto incluye múltiples tipos de granos que se combinan en un alimento.

- **Cría** - describe una llama desde el nacimiento hasta el destete.

- **Destete** - una llama de menos de 12 meses de edad - ya destetada.

- **Forraje** - un componente alimenticio que es más bajo en energía y más alto en fibra, incluyendo heno, legumbres y pastos.

- **Galope** - tres tiempos de marcha en los que las cuatro patas nunca están en el suelo simultáneamente - el más rápido de todos los pasos.

- **Golpe de rodilla** - una condición de la llama en la que las rodillas delanteras están anguladas hacia adentro, conocido médicamente como valgus carpiano. Esta condición causa un movimiento incorrecto en la llama y puede conducir a una enfermedad degenerativa en las articulaciones. Estas llamas también "alas" cuando caminan - ver arriba.

- **Hembra abierta** - una hembra que no está preñada.

- **Hembra soltera** - una hembra sin crías, normalmente demasiado joven para reproducirse.

- **Hoz falciforme** - una falla de la llama en la que las patas traseras se adelantan demasiado, creando una forma de hoz en los cuartos traseros cuando la llama es vista de lado.

- **Hueso** - un término que describe el tamaño del esqueleto de la llama - se dice que los que tienen marcos grandes tienen "mucho hueso".

• **Inseminación artificial (IA)** - un proceso donde el semen se toma de un macho y se coloca manualmente en el útero o el cuello del útero de una llama hembra.

• **Kush** - un término que describe a una llama acostada y es también el comando usado para hacer que una llama se acueste.

• **Lama** - el género de las llamas y las alpacas se clasifican en.

• **Lana** - a veces se utiliza para describir las llamas con una cobertura de lana muy pesada.

• **Línea superior** - comúnmente usada para describir la espalda de una llama cuando se la ve de costado. La línea superior ideal está nivelada desde la cruz hasta la cola.

• **Llamada de alarma** - el sonido que hacen los machos de llamas cuando sienten que su ganado está amenazado. Suena como una llamada de pavo, un motor que gira o una combinación de ambos.

• **Madre** - una llama hembra que ha dado a luz.

• **Marcha** - locomoción o movimiento. Los pasos de la llama incluyen la caminata, el trote, el paso, el galope y la puntería.

• **Muestra del semental** - una clase de espectáculo de llamas donde tres llamas con el mismo semental y dos o más madres se muestran en grupo, el juez quiere ver la consistencia en la influencia del semental.

• **Orejas de plátano** - un término que describe las orejas de la llama que se curvan hacia adentro y se ven similares al tamaño y la forma de un plátano.

• **Orejas en punta** - un término que se refiere a las orejas de la llama no del todo erguidas. Esto es causado por el cartílago en las puntas de las orejas que no es lo suficientemente fuerte para mantenerse en pie y puede ser genético, causado por congelación o por prematuridad. No se considera una falta importante de la llama.

- **Padre** - una llama macho que ha engendrado al menos una cría.

- **Pila de estiércol** - un área donde las llamas defecan y orinan - por lo general deciden el área por sí mismas y puede haber varias áreas en un pastizal o campo.

- **Pila de polvo** - un área donde las llamas ruedan.

- **Prematuro** - un cría prematura.

- **Producto de la madre** - una clase en un espectáculo de llamas donde un par de llamas con la misma madre, pero con diferentes padres se muestran juntos - el juez quiere ver la consistencia en la influencia de la madre.

- **Puntuación corporal** - un valor dado basado en lo delgado o gordo que es un animal. Los valores van de 1 a 9, donde 1 es demacrado, 5 es óptimo y 9 es obeso.

- **Remo** - un término que describe un movimiento defectuoso en el que las patas delanteras de la llama se balancean hacia afuera del cuerpo mientras la pata se mueve hacia adelante. Usualmente causado por que la llama tiene un pecho demasiado ancho, a veces genéticamente, pero más típicamente en llamas con sobrepeso y con mucha grasa en sus pechos.

- **Ritmo** - una marcha de dos tiempos donde las extremidades traseras y delanteras del mismo lado se mueven hacia atrás o hacia delante simultáneamente. Una velocidad media, es la menos estable.

- **Rodar** - una actividad que las llamas hacen mucho; se tumban de lado y ruedan varias veces, ya sea completamente o a mitad de camino, lo hacen para mantener sus fibras abiertas, creando bolsas de aire que proporcionan un aislamiento adicional.

- **Salto** - un término que describe una marcha en la que una llama rebota con las piernas rígidas en el aire, por lo general cuando juega o escapa de los depredadores.

- **Semental** - un macho de llama utilizado para la cría.

- **Semental del ganado** - un macho de llama en una granja de llamas usado puramente para la reproducción.

- **Síndrome del macho berserker** - una condición que describe a una llama macho que se impresiona sobre los humanos de manera incorrecta y, al llegar a la pubertad, se vuelve agresiva hacia los humanos. Una vez que comienza, este comportamiento no puede ser cambiado.

- **Sobreacondicionado** - la manera educada de decir que una llama es gorda.

- **Subcondicionado** - usado para describir una llama de bajo peso.

- **Transferencia de embriones (ET)** - donde los embriones tempranos son tomados de una hembra y transferidos a otra.

- **Tres en uno** - comúnmente usado para describir una llama hembra, vendida cuando está preñada y con una cría. Efectivamente, se obtienen tres llamas por el precio de una - la madre, la cría no nacido y la cría no destetada.

- **Trote** - una marcha de dos tiempos donde las extremidades diagonales traseras y delanteras se mueven hacia atrás o hacia delante simultáneamente. A velocidad media, es un andar estable.

- **Yearling** - una llama entre uno y dos años de edad.

- **Zumbido** - un sonido hecho por las llamas cuando están calientes, estresadas, cansadas, preocupadas, curiosas, incómodas o cansadas.

Conclusión

Hagamos una rápida recapitulación de todo lo que usted ha aprendido de este libro.

Aprendió por qué debe criar llamas o alpacas en el primer capítulo. En el segundo capítulo, explicamos las diferencias entre las llamas y las alpacas, y ahora debería ser relativamente fácil identificar las razas.

También debería saber cómo diseñar instalaciones para ellas a partir de nuestras pautas en el tercer capítulo. Su primera compra de llamas y alpacas no tiene por qué ser un desastre porque hemos proporcionado todos los detalles que necesita para comprar su primer par de llamas del mismo sexo en el cuarto capítulo.

No debe ser un fenómeno extraño para usted que su llama escupa, ya que ahora ha entendido todo el comportamiento y el manejo de estos animales del quinto capítulo. También aprendió lo que puede y no puede alimentar a sus llamas en el sexto capítulo.

El séptimo capítulo cubrió lo que necesita saber sobre la salud, el cuidado y la prevención de enfermedades en las llamas y alpacas. El nacimiento de una nueva vida viene con sus desafíos en todos los animales, incluso en los humanos. Le hemos ayudado a entender el proceso de nacimiento y cómo cuidar de la cría de la llama.

Puede que no se haya dado cuenta de que las llamas pueden aprender a hacer muchas cosas antes de leer este libro, pero ahora sabe cómo entrenar a sus llamas o alpacas para hacer varias tareas importantes.

¿Está listo para empezar su negocio de llamas ahora? En nuestro último capítulo se ofrecen consejos que le ayudarán a asegurar que su negocio sea un éxito.

Este libro no es para que lo lea y lo olvide. Siempre puede consultarlo durante su viaje con la llama o la alpaca.

Tiene en sus manos una herramienta vital para criar llamas. ¡Úsela sabiamente!

Vea más libros escritos por Dion Rosser